基础 进阶 实战

Photoshop
Basics and
Comprehensive
Practice

Photoshop
基础与综合实战

主 编◎赵永立 娄松涛 鲁守玮

同济大学 出版社
TONGJI UNIVERSITY PRESS
·上海·

内 容 提 要

本书突出应用性、实用性原则,采用图文并茂的方法,提高可读性。本书分为"知识预热""图层与选区""文字、形状与色彩调整""图像通道与滤镜""实战操作与综合训练"五个教学模块,模块间按照学习难度逐层递进。在第一个模块中,介绍 Photoshop 入门知识与基本操作;在第二、三、四个模块中,主要是对平面图像的处理和操作,介绍 Photoshop 核心功能应用,包括选区与填色、绘画、图像修饰、调色、抠图与蒙版、图层混合与图层样式、矢量绘图、文字、滤镜处理等;在第五个模块中,设置四个实战项目共计十个实战案例,主要通过 Photoshop 在数码照片处理、平面设计、创意设计等方面的大量综合实战案例应用,提高学习者的综合实战能力。

本书可供本科艺术设计相关专业、大中专及职业院校计算机及艺术相关专业作为教材使用,也可供社会装饰美工、广告设计、室内设计、动画设计从业人员参考借鉴。

图书在版编目(CIP)数据

Photoshop 基础与综合实战 / 赵永立,娄松涛,鲁守玮主编. —上海:同济大学出版社,2022.12
ISBN 978-7-5765-0599-3

Ⅰ. ①P… Ⅱ. ①赵… ②娄… ③鲁… Ⅲ. ①图像处理软件 Ⅳ. ①TP391.413

中国版本图书馆 CIP 数据核字(2022)第 255941 号

Photoshop 基础与综合实战
主编 赵永立 娄松涛 鲁守玮
责任编辑 任学敏 **责任校对** 徐春莲 **封面设计** 渲彩轩

出版发行 同济大学出版社 www.tongjipress.com.cn
(地址:上海市四平路 1239 号 邮编:200092 电话:021-65985622)
经 销 全国各地新华书店
排 版 南京文脉图文设计制作有限公司
印 刷 上海安枫印务有限公司
开 本 787mm×1092mm 1/16
印 张 14.25
字 数 356 000
版 次 2022 年 12 月第 1 版
印 次 2023 年 9 月第 2 次印刷
书 号 ISBN 978-7-5765-0599-3

定 价 68.00 元

前　　言

　　Photoshop 作为图像后期处理软件,被广泛应用于平面设计、数码艺术、特效合成、商业修图、UI 界面设计等领域,并且发挥着不可替代的作用。现在,世界各地数千万计的设计人员、摄影师、艺术家及艺术设计爱好者都在借助 Photoshop 将创意变为现实。

　　随着课程改革的深入,开发和编写出适应应用本科及职业院校实际和学生实用的教材显得日益迫切。本书为落实教育部关于职业教育课程体系建设的精神,提升教育教学质量,深化专业课教学,使学生更快、更好地掌握专业技能,围绕技能、学历双提高等目标进行编写。本书结合编者多年教学经验和一线案例重构教学内容,将教学内容划分为五个教学模块,设置十个教学活动以及四个实战项目,涉及十个实战案例,由浅入深,由理论向实战地全面讲述 Photoshop 的用法。

　　本书的编写以能力为本位,重视动手能力的培养,突出职业技能教育特色,重点加强了案例操作教学内容,强调学生实际工作能力的培养。教学活动根据教学内容设置上机实训、知识延伸并按步骤进行图文讲解,确保学生能够理实结合,全面掌握知识点。

　　本书由赵永立、娄松涛、鲁守玮担任主编,其中娄松涛主要负责模块一、二内容的编写,鲁守玮主要负责模块三、四内容的编写,赵永立主要负责模块五内容的编写。本书在编写过程中,参考了大量的教材资料和文献,在此向这些文献资料的编著者表示诚挚的感谢。

　　由于编写时间仓促,编者水平有限,书中错误与疏漏之处在所难免,敬请各位专家、同行、读者批评指正。

编者

2022 年 8 月

目　　录

前言

模块一　知识预热

学习目标

根据 Photoshop 教材的特殊性,基础知识的学习目标通过 3 个情景学习活动实现。

学习活动 1:Photoshop 的商业应用领域——了解 Photoshop 的商业应用领域,明确学习目的。

学习活动 2:数字化图形基础及 Photoshop 界面——掌握像素概念、图像种类、图像文件格式和色彩模式基本概念,熟悉 Photoshop 界面。

学习活动 3:Photoshop 的基本操作——熟练掌握 Photoshop 文件基础操作(新建、保存、打开、关闭、置入、导入和导出等命令);工具、控制面板、文件操作、绘图辅助工具、画布等工具或者命令的使用方法,能够灵活运用这些工具和命令进行图像编辑。

建议学时

6 学时。

学习情景描述

Photoshop 软件是 Adobe 公司旗下最为出名的图像处理软件之一,可跨平台操作使用。Photoshop 的图像处理是对已有的位图图像进行加工处理以及运用一些特殊效果,其重点在于对图像的加工处理;Photoshop 具有强大的图像修饰功能。学生学习过程中,教师利用多媒体投影仪边讲边操作,学生以观看和记笔记为主,最后教师预留时间让学生进行操作练习。

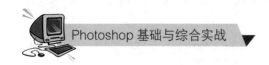

学习活动 1 Photoshop 的商业应用领域

教学目标

知识目标	能力目标	素质目标
了解 Photoshop 在平面设计、影像创意、数码摄影、字体设计、商业插画、UI 设计、产品效果图表现中的应用	掌握 Photoshop 的应用领域；熟悉 Photoshop 的使用范围和方向	培养爱岗敬业的精神和职业道德意识；培养知识分析、处理问题的综合能力；养成认真、专注、严谨的工作态度；树立正确的社会主义核心价值观；塑造良好的职业和品德素养

任务描述

　　Photoshop 是一款功能强大的图像编辑软件,广泛应用于我们的工作与生活中。平面设计、3D 动画、网页制作、矢量绘图、多媒体制作等,Photoshop 在很多领域都有着很难替代的地位。学生在学习中要了解该软件的应用领域。

课前自学

　　学生在学习之前要先对本专业的专业课程进行了解,明确学习 Photoshop 对自己今后的专业学习带来的帮助。专业不同,对软件学习的侧重点也不同。

任务实施

一、明确工作任务

　　根据教师对 Photoshop 的讲解,能够熟练掌握 Photoshop 的应用领域和明确学习 Photoshop 的目的。

二、完成工作任务

(一) Photoshop 的商业应用领域

1. 平面设计

　　无论是图书封面,还是广告海报、展板、画册、产品包装、企业 Logo 等,基本都可以用 Photoshop 来进行设计和处理,如图 1-1 所示。

2. 数码照片处理

　　数码相机和智能手机的普及,使得数码拍摄成为当今主流的拍摄方式。作为强大

图 1-1 平面设计作品

的图像处理软件,Photoshop 从照片的扫描与输出,到校色、图像修正、分色,均可以出色地完成,如图 1-2 所示。

图 1-2 数码照片处理前后对比

3. UI 界面设计

UI(User Interface)设计,即用户界面设计是指对软件的人机交互、操作逻辑、界面美观的整体设计。好的 UI 设计不仅是让软件变得有个性有品味,还要让软件的操作变得舒适、简单、自由,充分体现软件的定位和特点。大多数设计师会使用 Photoshop 来完成 UI 设计工作,如图 1-3 所示。

4. 插画设计

Photoshop 具有良好的绘画和调色功能。大多数插画师采用手绘板绘制插画,然后用 Photoshop 进行上色,如图 1-4 所示。

5. 网页设计

Photoshop 为网页设计开启了新的大门。人们熟悉的淘宝、天猫、京东、拼多多等电商平台,商品的详情页都是用 Photoshop 完成的,如图 1-5 所示。

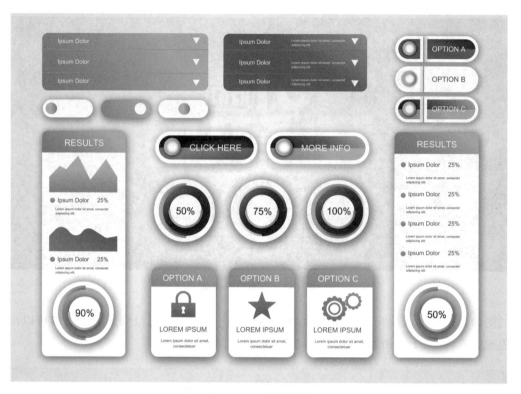

图 1-3　UI 界面设计

图 1-4　插画设计

（二）Photoshop 的其他应用领域

除此之外，Photoshop 还广泛用于动画和 CG 设计、照片修复、图形创意、产品包装设计等各个领域。随着人们对审美要求的提高，Photoshop 除了可以对图像进行处理，

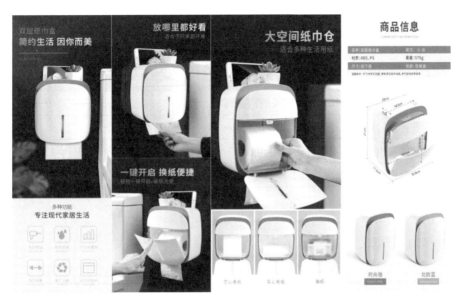

图 1-5　网页详情页设计

还可以应用于版面设计、室内设计、产品设计、园林景观设计、建筑及效果图设计等,如图 1-6 所示。

图 1-6　室内设计效果图

三、任务总结

通过以上内容的学习,学生充分了解 Photoshop 软件的应用领域,对平面设计、数码图像处理、UI 设计、插画设计、网页设计等相关专业有所了解和认识,明确该软件在专业领域的重要性,树立学会、学好、学精的信心。

四、学生自评

Photoshop 的商业应用领域评价表			
序号	鉴定评分点	分值	评分
1	能够简述出 Photoshop 软件涉及的商业领域	40	
2	能够根据自己所学专业,判断出 Photoshop 软件学习的侧重点	30	
3	能够激发出自己学习软件的兴趣	30	
4	整体掌握程度　　非常好□　　较好□　　一般□　　较差□　　其他□		
评价意见:			

课后巩固与拓展

1. 简述 Photoshop 的应用领域有哪些。
2. 结合自身专业简要说明对学习 Photoshop 有哪些认识。

学习活动 **2** 数字化图像基础及 **Photoshop** 界面

教学目标

知识目标	能力目标	素质目标
掌握像素与分辨率的相关知识； 能够分辨图像文件的不同格式； 掌握常用的四种色彩模式； 掌握 Photoshop 支持的常用格式； 掌握熟练掌握 Photoshop 的界面功能	能够区分位图和向量图； 能够对图像的不同格式进行区别和鉴定； 能够根据设计需要对色彩模式进行相互转换； 能够掌握 Photoshop 界面中的菜单栏、工具栏、属性栏、面板等各部位的作用	培养爱岗敬业的精神和职业道德意识； 培养知识分析、处理问题的综合能力； 养成认真、专注、严谨的工作态度； 树立正确的社会主义核心价值观； 塑造良好的职业和品德素养

任务描述

图形图像的相关基础知识是学习 Photoshop 的基础,只有掌握了图形图像的像素、分辨率、图像种类、图像文件格式、图像色彩模式这些基础知识才能利用 Photoshop 根据绘图设计需要完成科学准确的图形图像制作。Photoshop 界面包括菜单栏、工具栏、属性栏、面板、工作区等部分,学生要熟练掌握操作界面的功能分区和性能特点。

课前自学

1. 学生自行学习和查阅资料,了解网页分辨率、黑白印刷分辨率、彩色印刷分辨率、写真喷绘分辨率常用数值。

2. 学生自行学习和查阅资料,了解位图和向量图(矢量图)的区别。

3. 查阅资料,对图形图像的种类进行分析和了解,记录学习中的问题,在课堂上着重理解和学习。

4. 学习三原色红黄蓝和红绿蓝的区别,了解 RGB、CMYK 的基本概念。

任务实施

一、明确工作任务

根据教师对 Photoshop 的讲解,熟练掌握 Photoshop 界面功能;掌握像素、图像种类、图像文件格式、色彩模式等基本概念。

二、完成工作任务

(一) 图形图像相关知识

1. 位图和矢量图

位图(bitmap),亦称点阵图像或栅格图像,是由称作像素(图片元素)的单个点组成的。这些点可以进行不同的排列和染色以构成图像。当放大位图时,可以看见构成整个图像的无数单个方块。扩大位图尺寸的效果是增大单个像素,从而使线条和形状显得参差不齐,也就是常说的马赛克图像。然而,如果从稍远的位置观看它,位图的颜色和形状又显得是连续的。数码相机拍摄的照片、扫描仪扫描的图片以及计算机截屏图等都属于位图,如图 1-7 所示。

图 1-7　位图

所谓矢量图,就是使用直线和曲线来描述的图形,构成这些图形的元素是点、线、矩形、多边形、圆和弧线等,矢量图也叫向量图。它们都是通过数学公式计算获得的,具有编辑后不失真的特点。例如,一幅画的矢量图实际上是由线条形成外框轮廓,由外框的颜色以及外框所封闭的颜色决定画显示出的颜色,如图 1-8 所示。

2. 像素和分辨率

像素是由图像的小方格组成的,这些小方格都有一个明确的位置和被分配的色彩数值,小方格颜色和位置决定了该图像所呈现出来的样子。像素视为整个图像中不可分割的单位或者是元素。不可分割的意思是它不能够再切割成更小单位或是元素,它是以一个单一颜色的小格存在。每一个点阵图像包含了一定量的像素,这些像素决定了图像在屏幕上所呈现的大小。

分辨率是度量位图图像内数据量多少的参数,通常表示成每英寸像素和每英寸点。包含的数据越多,图形文件就越大,越能表现更丰富的细节;但大的文件需要耗用更多的计算机运算资源,占用更多的计算机硬盘空间等。

图 1-8　矢量图

3. 颜色模式

Photoshop 提供了九种颜色模式,这些颜色模式为作品的呈现提供了重要保障。在这些颜色模式中,经常使用到的有 CMYK 模式、RGB 模式、Lab 模式及 HSB 模式四种。所有颜色模式都可以在模式菜单下选择。每种颜色模式都有不同的色域,并且各个模式之间可以相互转换。

(1) CMYK 模式

CMYK 代表印刷上用的四种颜色,C 代表青色(Cyan),M 代表洋红色(Magenta),Y 代表黄色(Yellow),K 代表黑色(Black)。因为在实际应用中,青色、洋红色和黄色很难叠加形成真正的黑色,最多不过是褐色而已,因此才引入了黑色。黑色的作用是强化暗调,加深暗部色彩。

(2) RGB 模式

RGB 就是常说的光学三原色,R 代表红色(Red),G 代表绿色(Green),B 代表蓝色(Blue)。自然界中肉眼所能看到的任何色彩都可以由这三种色彩混合叠加而成,因此也称为加色模式。RGB 模式又称 RGB 色空间,它是一种色光表色模式,广泛用于人们的生活中,如电视机、计算机显示屏、幻灯片等都是利用 RGB 模式来呈色。印刷出版中常需扫描图像,扫描仪在扫描时首先提取的就是原稿图像上的 RGB 色光信息。

(3) 灰度模式

灰度模式是用单一色调表现图像,一个像素的颜色用 8 位来表示,一共可表现256 阶(色阶)的灰色调(含黑和白),也就是 256 种明度的灰色,是黑→灰→白的过渡,如黑白照片。

(4) Lab 模式

类似 RGB 模式,Lab 模式是进行颜色模式转换时使用的中间模式。Lab 模式的色

域最宽,它涵盖了 RGB 模式和 CMYK 模式的色域,也就是当需要将 RGB 模式转换为 CMYK 模式时,可以先将 RGB 模式转换为 Lab 模式,再转换为 CMYK 模式。这样做可以减少颜色模式转换过程中的色彩丢失。在 Lab 模式中,"L"代表亮度,范围是 0 (黑)～100(白);"a"表示从红色到绿色的范围,"b"表示从黄色到蓝色的范围。

(5) 位图模式

位图模式使用两种颜色值即黑色和白色来表示图像中的像素。位图模式的图像也叫做黑白图像或一位图像,因为其位深度为 1,并且所要求的磁盘空间最少,该图像模式下不能制作出色彩丰富的图像,只能制作一些黑白图像。需要注意的是,只有灰度模式的图像或多通道模式的图像才能转换为位图图像,其他色彩模式的图像文件必须先转换为这两种模式,然后才能转换为位图模式。

(6) 双色调模式

在 Photoshop 中,双色调指的是单色调、三色调、四色调以及双色调。单色调是用非黑色的单一油墨打印的灰度图像。双色调、三色调和四色调分别是用两种、三种和四种油墨打印的灰度图像。双色调模式用两种颜色的油墨制作图像,它可以增加灰度图像的色调范围。如果仅用黑色油墨打印灰度图像,图像就很粗糙。用能重现多达 50 阶灰度的两种、三种或四种油墨打印图像,图像要好很多。用黑色油墨和灰色油墨打印双色调图像,黑色用于暗调部分,灰色用于中间调和高光部分。因为双色调模式只表示 "色调",所以可以用彩色油墨来打印高光颜色。

(7) 索引模式

索引模式图像是单通道图像(8 位/像素),使用 256 种颜色。当转换为索引模式时 Photoshop 会构建一个颜色值查照表,它存放并索引图像中的颜色。如果原图像中的一种颜色没有出现在查照表中,程序会选取已有颜色中最相近的颜色或使用已有颜色模拟该种颜色。因此,索引模式可以大大减小文件大小,同时保持视觉上的品质不变。这个性质对多媒体动画或网页制作很有用。但在这种模式中只提供有限的编辑。如果要进一步编辑,应临时转换为 RGB 模式。

(8) 多通道模式

该模式在每个通道中使用 256 灰度级。用户可以将由一个以上通道合成的任何图像转换为多通道图像,原来的通道被转换为专色通道。例如,将 CMYK 图像转换为多通道可以创建青、洋红、黄和黑的专色通道;将 RGB 图像转换为多通道可以创建青、洋红和黄的专色通道。从 RGB、CMYK 或 Lab 图像中删除一个通道会自动将图像转换为多通道模式。若要输出多通道图像,需要以 Photoshop CS 2.0 格式存储图像,这对有特殊打印要求的图像非常有用。例如,如果图像中只使用了一两种或两三种颜色时,使用多通道模式可以降低印刷成本。

(9) HSB 模式

该模式是基于人眼对颜色的感觉。利用该模式可以任意选择不同明亮度的颜色。 HSB 模式描述颜色的三个基本特征如下:

H 表示色相。色相是从物体反射或透过物体传播的颜色。在 0～360 的标准色轮上,色相是按位置度量的。在通常使用中,色相是由颜色名称标识的,比如红、橙或绿。

S 表示饱和度,有时也称色彩度,是指颜色的强度或纯度。饱和度表示颜色中灰成分所占的比例,用 0%(灰色)～100%(完全饱和)的百分比来度量。在标准色轮上,从中心向边缘饱和度是递增的。

B 表示亮度。亮度是颜色的相对明暗程度,常用从 0%(黑)～100%(白)的百分比来度量。

4. Photoshop 支持的图像文件格式

Photoshop 兼容的图像文件格式很多,常用的文件格式有以下五种。

微课视频——图像文件常用格式

(1) JPEG 格式

JPEG 格式,是用于连续色调静态图像压缩的一种标准,文件后缀名为.jpg 或 .jpeg,是最常用的图像文件格式,属于有损压缩格式。它能够将图像压缩在很小的储存空间,在一定程度上会造成图像数据的损伤,尤其是使用过高的压缩比例,将使最终解压缩后恢复的图像质量降低。如果追求高品质图像,则不宜采用过高的压缩比例。

(2) Photoshop PSD 格式

Photoshop PSD 格式是 Photoshop 的专用格式。这种格式可以存储 Photoshop 中所有的图层、通道、参考线、注解和颜色模式等信息。在保存图像时,若图像中包含有图层,则一般都用 Photoshop PSD 格式保存。Photoshop PSD 格式在保存时会将文件压缩,以减少占用磁盘的空间。但 Photoshop PSD 格式所包含图像数据信息较多(如图层、通道、剪辑路径、参考线等),因此比其他格式的图像文件要大得多。

(3) TIFF 格式

TIFF 格式是图形图像处理中常用的格式之一,其图像格式很复杂,但由于它对图像信息的存放灵活多变,可以支持很多色彩系统,而且独立于操作系统,因此得到了广泛应用。如在各种地理信息系统、摄影测量与遥感等应用中,要求图像具有地理编码信息,例如图像所在的坐标系、比例尺、图像上点的坐标、经纬度、长度单位及角度单位等。

(4) GIF 格式

GIF 格式是一种图形交换格式,用于以超文本标志语言方式显示索引彩色图像,在因特网和其他在线服务系统上得到广泛应用,是一种公用的图像文件格式标准。

(5) BMP 格式

BMP 格式非常简单,仅具有最基本的图像数据存储功能,能存储每个像素 1 位、4 位、8 位和 24 位的位图。虽然它提供的信息过于简单,但是由于 Windows 系统的普及以及 BMP 本身具有格式简单、标准、透明的特点,BMP 格式得到了推广,一般应用于 Windows 系统下的屏幕显示以及一些简单图像系统中。这种格式的特点是包含的图像信息较丰富,几乎不压缩,但由此导致了它与生俱生来的缺点——占用磁盘空间过大,因此现在很少会在网页中使用。

5. Photoshop 的工作界面

Photoshop 的工作界面包括菜单栏、属性栏、文档窗口、工具箱、面板等区域。熟悉这些区域的结构和功能,能让操作更加快捷,如图 1-9 所示。

图 1-9　操作界面

（1）菜单栏

Photoshop 的菜单栏依次包含了"文件"菜单、"编辑"菜单、"图像"菜单、"图层"菜单、"文字"菜单、"选择"菜单、"滤镜"菜单、"3D"菜单、"视图"菜单、"窗口"菜单和"帮助"菜单，如图 1-10 所示。

Ps	文件(F)	编辑(E)	图像(I)	图层(L)	文字(Y)	选择(S)	滤镜(T)	3D(D)	视图(V)	窗口(W)	帮助(H)

图 1-10　菜单栏

"文件"菜单：包含了各种对文件的操作命令。

"编辑"菜单：包含了各种对文件编辑的操作命令。

"图像"菜单：包含了各种改变图像的颜色、大小、模式等的操作命令。

"图层"菜单：包含了各种调整图像中图层的操作命令。

"文字"菜单：包含了文字输入、字体编辑、段落文字编辑和调整等功能。

"选择"菜单：包含了关于选择方式、选区形状、选区状态的操作命令。

"滤镜"菜单：包含了各种添加滤镜效果的操作命令。

"3D"菜单：包含了新的 3D 绘图以及绘图编辑与合成的操作命令。

"视图"菜单：包含了各种视图管理和视图设置的操作命令。

"窗口"菜单：包含了显示或隐藏各种控制面板的命令。

"帮助"菜单：提供了各种帮助信息。

（2）工具箱

Photoshop 工具箱提供了 60 多种工具，其中包含了用于创建和编辑图像、图稿、页面元素等工具，如绘图工具、渐变工具、创建选区工具、画笔工具以及文字工具等。由于工具过多，因此一些工具被了隐藏起来。工具箱中只显示部分工具，并且按实用功能和

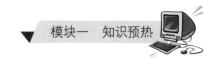

种类进行区分。工具箱默认在工作界面的左侧,其中大部分工具图标右下角带有黑色的小三角形(工具组),这表示该工具组中还包含多个子工具,右击工具或者在工具上按住鼠标左键不放,就可以显示出隐藏的工具列表,如图 1-11 所示。

图 1-11　工具箱

(3)属性栏

选择某个工具之后,在菜单栏下方就会出现相对应的工具属性栏,可以通过属性栏对工具进行设置,例如选择画笔工具,工作界面的上方就会出现相应的"画笔"属性栏,可以根据需要对属性栏进行设置,如图 1-12 所示。

图 1-12　属性栏

(4)面板

面板主要用来对图像进行编辑、对操作进行控制以及对相关参数进行设置等。在 Photoshop 中有很多面板,常用的面板有"图层"面板、"通道"面板、"路径"面板等。在实际操作过程中,可以根据需要打开、组合和关闭面板,如图 1-13 所示。

(5)文档窗口

文档窗口就是当前编辑的图像窗口,一般包括状态栏、工作区和标题栏三部分。状态栏显示的是当前图像文档的大小、尺寸和当前工具;工作区显示的是当前的画面;标题栏显示的是当前文档的名称、文档格式和颜色模式等信息,如图 1-14 所示。

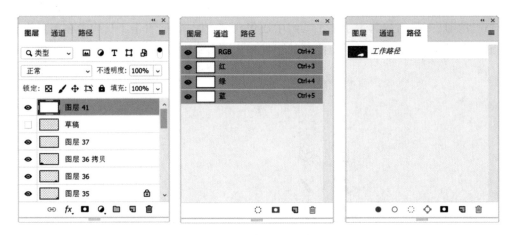

图 1-13　图层、通道和路径面板

图 1-14　文档窗口

6. Photoshop 的工作区

所谓工作区,就是在 Photoshop 界面当中,菜单栏、文档窗口、工具箱以及面板的排列方式。在进行图像编辑时,可以根据不同的需求选择合适的工作区。用户也可以根据自己的喜好和习惯自定义工作区。

(1)预设工作区

Photoshop 根据用户不同的作图需求,提供了基本功能、摄影、绘画、动感、3D 等工作区,这些 Photoshop 自带的工作区就是预设工作区。在菜单中执行"窗口/工作区"命令,在打开的子菜单中选择所需要的工作区选项,就可以看到工作区多了相关的面板。

（2）自定义工作区

　　除了 Photoshop 自带的预设工作区，用户也可以根据自己的创作需要创建符合自己需要的工作区，这就是自定义工作区。工作区的面板都是可以自由组合的，在自由组合完成之后，可以对自定义工作区进行保存。执行"窗口/工作区/新建工作区"命令，在弹出的"新建工作区"对话框中输入工作区的名称，然后勾选要存储工作区对应的复选框，单击"存储"就可以了。下次运行 Photoshop 软件时，就直接进入自定义的工作区了，如图 1-15 所示。

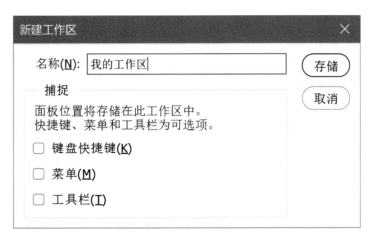

图 1-15　自定义工作区

（二）上机实训练习

　　步骤一：运行 Photoshop 软件，打开图像，了解 Photoshop 的操作界面。熟悉菜单栏、工具箱，对应工具的属性栏以及常用面板，如图 1-16 所示。

图 1-16　了解操作界面

步骤二：在 Photoshop 软件中打开 JPEG、Photoshop PSD、TIFF、BMP 等不同格式的图像文件，如图 1-17 所示。

图 1-17　打开不同格式的图像文件

三、任务总结

　　常规的图像模式为位图和向量图两种，要了解两者之间的区别和各自的适用条件。对图像分辨率要有专业意识，常规网页分辨率为 72dpi，喷绘分辨率为 100dpi，黑白印刷分辨率为 150dpi，彩色印刷不能低于 300dpi。掌握 Photoshop 常用的色彩模式，特别是RGB 和 CMYK 模式。对 Photoshop 的图像格式要掌握，不同的格式对应不同的存储类型，经常接触的图像大多是 JPEG 格式的，但是这个格式并不能满足所有的使用条件。掌握 Photoshop 的工作界面，在深入学习的过程中逐渐熟悉。

四、学生自评

数字化图像基础及 Photoshop 界面			
序号	鉴定评分点	分值	评分
1	能够熟记常用的分辨率	20	
2	能够分辨出位图和向量图的区别	10	
3	能够简述出图形图像常用的文件格式及区别和使用原则	30	
4	能够掌握图形图像的常用色彩模式	40	
5	整体掌握程度　　非常好□　较好□　一般□　较差□　其他□		
评价意见：			

课后巩固与拓展

1. 选择题

（1）下列哪些文件格式不是 Photoshop 的文件保存格式。（　　　）

A. JPEG 　　　　　B. TIFF 　　　　　C. PhotoshopD 　　D. RAR

（2）人们常说的印刷模式是下列哪种色彩模式。（　　　）

A. RGB 模式 　　　B. 灰度模式 　　　C. CMYK 模式 　　D. Lab 模式

2. 填空题

（1）用户在打开 Photoshop 时，可以根据需要选择不同的预设工作区，也可以根据自己的需要（　　　）工作区。

（2）Photoshop 的菜单栏中，（　　　）菜单包含了各种视图管理和视图设置的操作命令。

3. 简答题

（1）简述 Photoshop 存储时，PNG、JPG、Photoshop PSD、TIFF 四种格式的区别和特点。

（2）区分 CMYK 和 RGB 两种色彩模式的区别和使用环境。

学习活动 3　Photoshop 的基本操作

教学目标

知识目标	能力目标	素质目标
熟练掌握 Photoshop 文件的基本操作（新建、保存、打开、关闭、置入、导入和导出等命令）； 能够灵活运用工具和命令进行图像编辑	熟练掌握文件操作中的新建、打开、打开为、最近打开文件、储存、储存为等常用基本操作方法； 能够根据设计需要对图像进行基本操作	培养爱岗敬业的精神和职业道德意识； 培养知识分析、处理问题的综合能力； 培养空间画面想象能力、创新意识，形成正确、规范的思维方式和分析方法； 增强设计师使命感和社会责任感

任务描述

Photoshop 的基本操作包括新建文件、保存文件、打开文件、关闭文件、置入文件、导入和导出文件等常用的命令，这些命令是学习 Photoshop 的前提和基础，虽然相对简单，但是在学习阶段非常重要。所以，学生在学习这方面的内容时，应做好充分准备，这部分内容知识点多、操作性强，在学习过程中应做好笔记，熟记操作步骤。

课前自学

1. 在计算机上安装 Photoshop 并试运行。
2. 了解 Photoshop 界面，对整个软件界面的功能分区进行了解。
3. 初步自学打开、保存、存储为、简单修改图像的基本操作。
4. 将初步自学过程进行记录。如遇到问题和操作困难，在课上详细听教师讲解。

任务实施

一、明确工作任务

1. 熟练掌握文件操作中的新建、打开、储存等常用基本操作方法。
2. 熟练掌握改变图像及画布大小，对图像进行裁剪、变换、变形操作，对历史记录的操作等。

二、完成工作任务

（一）Photoshop 的基本操作

1. 文件的基本操作

在 Photoshop 中，文件是图像的载体，要进行平面作品创作，首先需要建立文件，然后才能进行进一步的操作。下面将对文件的基本操作进行学习。

（1）新建文件

Photoshop 启动后，并不会自动新建或者打开一个图像文件，需要用户自己操作。"新建"图像文件的方法："文件/新建"或者按 Ctrl＋N 键；如果当前 Photoshop 中已经存在一个图像文件，则可以右击图像文件的标题栏，在弹出的快捷键菜单中选择"新建文档"即可，如图 1-18 所示。

图 1-18 新建文件

（2）保存文件

"存储"图像文件的方法："文件/存储"或者按 Ctrl＋S 键；如果当前 Photoshop 中已经存在一个图像文件而且从未保存过或者保存过该文件后又对其进行了修改，则可以直接单击该文档标题栏上的标记"×"关闭该文档，此时在弹出的对话框中可根据需要选择是否保存该文件，如图 1-19 所示。

（3）打开文件

"打开"图像文件的方法："文件/打开"或者按 Ctrl＋O 键；如果当前 Photoshop 中已经存在一个图像文件，则可以右击图像文件的标题栏，在弹出的快捷菜单中选择"打开文档"即可。另外，Photoshop 还有一个更为快捷的方法打开图像文件，只需要将鼠标放在程序界面空白处双击鼠标即可快速执行"打开"命令，还可以直接将图像文件拖

图 1-19　保存文件

拽至 Photoshop 程序界面中打开，如图 1-20 所示。

图 1-20　打开文件

（4）关闭文件

"关闭"图像文件的方法："文件/关闭"或者按 Ctrl＋W 键；如果当前 Photoshop 中已经存在一个图像文件，则可以右击图像文件的标题栏，在弹出的快捷菜单中选择"关闭"即可。也可以直接单击该文档标题栏上的"×"关闭该文档。如果要一次性关闭所有打开的图像文档，则可以执行"文件/关闭全部"或者按 Alt＋Ctrl＋W 键，如图 1-21 所示。

图 1-21　关闭所有文件

（5）置入文件

首先用 Photoshop 打开一个文件，然后选择菜单栏中的"文件/置入嵌入对象"，接着在弹出的窗口中选择需要置入的图片，然后点击"置入"按钮，如图 1-22 所示。

图 1-22　置入文件

（6）导入和导出文件

执行导入文件操作，可以将 PDF 文件、数码照片或扫描的图片等导入到 Photoshop 中。新建文件后，在菜单栏中执行"文件/导入"命令，在菜单中选择需要导入的文件类型，如图 1-23 所示。

导出文件操作是将创建好的图像导出为 PNG 格式，或者导出到视频设备中，以满足多样化的需求。在菜单栏中执行"文件/导出"命令，然后根据需要在菜单中选择相应的选项，如图 1-24 所示。

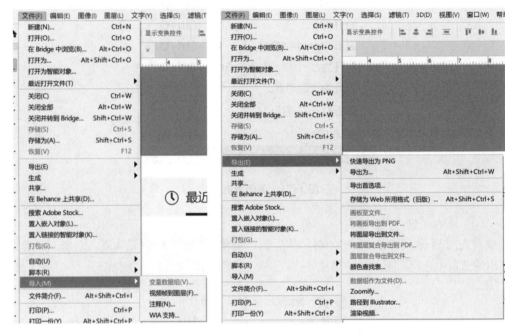

图 1-23　导入文件　　　　　　　　图 1-24　导出文件

2. 图像和画布的基本操作

在 Photoshop 中，文档窗口占据了大部分的工作界面。在文档窗口中最主要的元素是图像，而图像是基于画布存在的。下面将对图像和画布的基本操作进行学习。

（1）移动和复制图像

在画布上移动图像时，需要在"图层"面板中移动图像所在的图层，如图 1-25 所示。在工具栏中选择移动工具，如图 1-26 所示。

在文档窗口中将光标移至图像上，按住鼠标左键拖动，移至合适位置释放鼠标即可，如图 1-27 所示。

当需要复制图像时，可采用以下两种方法：一种是在菜单栏中执行"图层/新建/通过拷贝的形状图层"命令或按下 Ctrl+J 组合键；另一种方法是选中图层单击鼠标右键选择"复制图层"，完成后可以在"图层"面板中看到复制的图层，如图 1-28 所示。

（2）跨文档移动图像

当需要将两个或两个以上文档中的对象进行整合时，可以进行跨文档移动图像操作。在"图层"面板中选择需要进行移动的图像所在的图层，如图 1-29 所示。

图 1-25 图层面板

图 1-26 移动工具

图 1-27 移动图像位置

图 1-28 复制图层

在文档窗口中选中图像并拖动到文档窗口顶端的另一个标题栏上,停留片刻后,画面会切换到该标题栏对应的文档,如图 1-30 所示。

将光标移至该文档,当光标变形后释放鼠标,然后适当调整图像的位置和大小就完成跨文档移动图像操作了,如图 1-31 所示。

(3) 修改图像和画布的大小

图像的大小包括图像的像素、打印尺寸和分辨率。这些参数不仅决定了图像在屏幕上的大小,也影响图像的质量、打印特性和存储空间。在菜单栏中执行"图像/图像大小"命令,如图 1-32 所示,弹出"图像大小"对话框,修改相

图 1-29 选择图层

关参数,然后单击"确定"按钮,如图 1-33 所示,即可完成图像大小的修改。

画布的大小是指文档窗口的工作区域的大小。当需要调整画布的大小时,可以在菜单栏中执行"图像/画布大小"命令,如图 1-34 所示,弹出"画布大小"对话框,修改相关参数后,单击"确定"按钮,如图 1-35 所示,即可完成画布大小的修改。

图 1-30　文档窗口

图 1-31　完成跨文档移动操作

图 1-32　图像大小

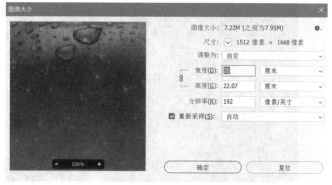

图 1-33　修改图像大小

图 1-34　画布大小

图 1-35　修改画布大小

提示:修改画布大小时勾选"相对"选框。

当在"画布大小"对话框中勾选"相对"选框时,图像原有的画布信息会清零,需要重新输入画布的尺寸,但是会有原尺寸作为参考。

3. 图像的裁剪、变换和变形

在 Photoshop 中导入图像后,不仅可以对其执行裁剪操作,还可以执行变换或变形的相关操作,包括图像的旋转、缩放、扭曲和斜切等。

（1）裁剪图像

首先在工具箱中选择裁剪工具,光标会变成裁剪形状,在画布中按住鼠标左键并进行拖拽,形成裁剪区域,如图 1-36 所示。

确定裁剪区域后,释放鼠标左键并按下 Enter 键,即可保留裁剪区域内的图像,如图 1-37 所示。

图 1-36　裁剪区域

图 1-37　修改裁剪图像

（2）变换图像

在"图层"面板中选中需要执行变换操作的图层，然后执行"编辑/自由变换"命令，如图1-38所示。在图层对应的图像上会出现边界框，如图1-39所示。

图1-38 自由变换

图1-39 图像边界框

边界框上有多个控制点，同时按住Shift键和四角上任意控制点，可以对图像进行等比缩放；若单独拖拽四角的控制点，可以进行自由缩放；拖拽四边上的控制点，可以在垂直或水平方向进行自由变换。将光标移动到四角控制点的周边时，将出现如图1-40所示形状，若进行拖拽，可以对图像进行自由旋转，如图1-41所示。自由变换操作完成之后，按Enter键即可。

图1-40 编辑图形

图1-41 旋转图形

（3）变形图像

图像的变形包括扭曲和斜切等操作。首先在"图层"面板中选中需要变形的图层，然后在菜单栏中执行"编辑/自由变换"命令，当需要扭曲时，在拖拽控制点的同时按下 Ctrl 键即可，如图 1-42 所示；当需要透视时，在拖拽控制点的同时按下 Shift＋Ctrl＋Alt 组合键即可，如图 1-43 所示。

图 1-42　变形图形　　　　　　　　　图 1-43　透视图像

如果需要对图像进行斜切变形，则在拖拽控制点的同时，按住 Shift＋Ctrl 组合键，可以在水平方向和垂直方向进行斜切。在水平方向进行斜切变形的效果如图 1-44 所示，在垂直方向进行斜切变形的效果如图 1-45 所示。

图 1-44　水平斜切图像　　　　　　　　图 1-45　垂直斜切图像

4. 图像的恢复操作

在对图像进行编辑或处理时,若对处理效果不满意或出现操作错误,可以使用 Photoshop 提供的恢复功能来进行处理。

在进行图像编辑时,若发生误删、错误操作等情况,可以使用 Ctrl＋Z 组合键撤回上一步操作。如图 1-46 所示将图片调整为黑白状态时,仅需按下 Ctrl＋Z 组合键即可还原,如图 1-47 所示。

图 1-46　编辑图　　　　　　　　　　　　　　图 1-47　原图

如果需要撤回多步操作,有两种方法:一种是在菜单栏中执行"窗口/历史记录"命令,如图 1-48 所示,在弹出的"历史记录"面板中选中错误的步骤并右击,在快捷菜单中选择删除命令即可,如图 1-49 所示。用户还可以使用 Ctrl＋Shift＋Z 组合键执行多步撤回操作,高版本的 Photoshop 软件直接按 Ctrl＋Z 进行操作,但最多可撤回 20 步。

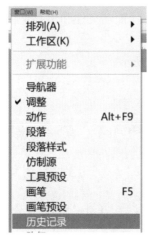

图 1-48　历史记录　　　　　　　　　图 1-49　"历史记录"面板

知识延伸：文档编辑常用快捷键

熟练掌握 Photoshop 的快捷键，可以达到事半功倍的效果，下面介绍一些文档编辑时常用的快捷键以及对应的命令，见表1-1。

表1-1　常用的快捷键以及对应的命令

快捷键	对应的命令
Ctrl＋N	执行"文件/新建"命令
Ctrl＋S	执行"文件/存储"命令
Ctrl＋Shift＋S	执行"文件/存储为"命令
Ctrl＋O	执行"文件/打开"命令
Ctrl＋Shift＋O	执行"文件/打开为"命令
Ctrl＋W	执行"文件/关闭"命令
Ctrl＋C	执行"编辑/拷贝"命令
Ctrl＋V	执行"编辑/粘贴"命令
Ctrl＋T	执行"编辑/自由变换"命令
Ctrl＋Shift＋N	执行"图层/新建/图层"命令
Ctrl＋J	执行"图层/新建/通过拷贝的图层"命令
Ctrl＋A	执行"选择/全选"命令
Ctrl＋0	执行"视图/按屏幕大小缩放"命令
Ctrl＋R	执行"视图/标尺"命令
Shift＋Ctrl＋I	执行"选择/反向"命令

（二）上机实训练习1

本实训将对以上所学到的内容进行练习，包括新建文件、置入文件和保存文件等，操作如下。

步骤一：在菜单栏中执行"文件/新建"命令，如图1-50所示。

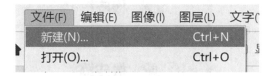

图1-50　新建文件

步骤二：在弹出的"新建文档"对话框中设置相应的参数，单击"创建"按钮，如图1-51所示。

步骤三：执行"文件/置入嵌入对象"命令。

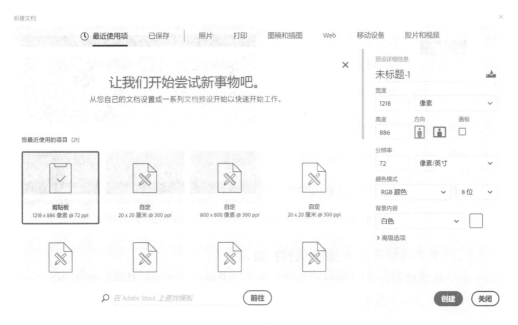

图 1-51　新建文档

步骤四：在"置入嵌入的对象"对话框中选择导入的文件，如图 1-52 所示。

图 1-52　选择置入嵌入的文件

步骤五：点击"置入"按钮并打开图片，如图 1-53 和图 1-54 所示。

图 1-53　置入文件

图 1-54　打开文件

（三）上机实训练习 2——制作大树插画

本实训将通过制作大树插画的操作进一步巩固所学的内容,具体操作如下。

步骤一:在菜单栏中执行"文件/新建"命令,在弹出的"新建文档"对话框中设置相关参数,然后点击"创建"按钮。

步骤二:执行"文件/打开"命令,在弹出的"打开"对话框中选择需要的文件,如图 1-55 所示。

图 1-55　打开文档

步骤三:点击"确定"按钮后,拖动文档标题标签使之成为浮动画布,如图 1-56 所示。

步骤四:在"图层"面板中选择"大树插画"图层,如图 1-57 所示。

步骤五:将"大树插画"图层移动到新建的文档中并适当调整大小,如图 1-58 所示。

步骤六:在菜单栏中执行"文件/置入嵌入对象"命令。

步骤七：在弹出的"置入嵌入的对象"对话框中选择需要置入的对象，如图1-59所示。

图1-56　浮动画布

图1-57　图层选择

图1-58　调整大小

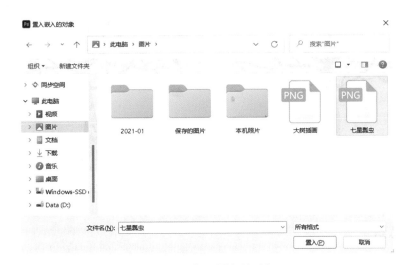

图1-59　打开置入的对象

步骤八:对置入的图像执行自由变换操作,效果如图 1-60 所示。

图 1-60　调整图像

步骤九:待置入对象的大小和位置调整完毕后按下 Enter 键,自由变换控制点即可消失,如图 1-61 所示。

步骤十:根据相同的方法置入其他素材,并根据需要对置入的素材进行自由变换操作,效果如图 1-62 所示。

图 1-61　调整完成图像　　　　　　　　图 1-62　完成置入对象

三、任务总结

本学习活动主要是对 Photoshop 基本操作设定的,对于初学者有一定难度。在这

一任务中,需要熟练掌握文件操作中的新建、打开、储存等常用基本操作;熟练掌握改变图像及画布大小,对图像进行裁剪、变换、变形操作,对历史记录的操作。

四、学生自评

序号	鉴定评分点	分值	评分
\multicolumn{4}{c}{Photoshop 的基础操作评价表}			
1	能够熟练掌握 Photoshop 文件的基础操作(新建、保存、打开、关闭、置入、导入和导出等命令)	20	
2	能够对图像和画布进行移动、复制以及更改大小	20	
3	能够熟记并灵活运用常用软件操作快捷键	20	
4	能够熟练对图像进行图像的裁剪、变换和变形	40	
5	整体掌握程度　　非常好□　较好□　一般□　较差□　其他□		
评价意见:			

课后巩固与拓展

1. 选择题

(1) 在"新建文档"对话框中,下列哪个选项不属于文档参数。(　　)

A. 文件名称　　　　　　　　　B. 文件大小

C. 图像模式　　　　　　　　　D. 文档的格式

(2) 以下操作不会对图像造成改变的是(　　)。

A. 变换　　　　　B. 移动　　　　　C. 变形　　　　　D. 裁剪

(3) 需要对图层进行等比缩放时,使用鼠标拖动的同时需要按下(　　)。

A. Ctrl 键　　　　　　　　　　B. Alt 键

C. Ctrl+Alt 组合键　　　　　　D. Shift 键

2. 填空题

(1) 图像的大小包括_____、_____、_____等参数。

(2) 使用 Ctrl+Z 组合键可以还原_____步操作。

(3) 执行_____命令,当原文件被修改时,置入的素材不变。

模块二　图层与选区

学习目标

此次学习目标通过 2 个情景学习活动实现。

学习活动 1:图层的使用技巧——熟练掌握图层调板和图层的基本操作,能够灵活运用图层蒙版、图层样式和图层混合模式对图像进行编辑,能够创建填充/调整图层。

学习活动 2:图像的选取技术——熟练掌握选框工具、套索工具、魔棒工具和常用选择命令的使用方法。

建议学时

4 学时。

学习情景描述

本模块主要学习 Photoshop 中的图层的使用技巧以及图像的选取技术。这些知识是学习 Photoshop 的基础,也是必须掌握的。在学习活动中,不但介绍了理论知识,同时还安排了上机实训练习,以及课后的巩固习题。学习过程中,教师利用多媒体投影仪边讲边操作,可以根据学生掌握情况进行知识的拓展与外延,尽可能引入实际的设计案例,学生以观看和记笔记为主,最后教师预留时间让学生进行操作练习。

学习活动 1　图层的使用技巧

教学目标

知识目标	能力目标	素质目标
掌握图层面板和图层的基本操作； 掌握图层样式的基本操作； 掌握图层混合模式的基本操作	能够根据画面和设计需求进行图层新建、锁定、缩览、隐藏、更改名称、创建图层组，选择图层，复制图层，删除图层，合并图层等操作	培养爱岗敬业的精神和职业道德意识； 培养精益求精的工匠精神； 培养对软件操作的科学严谨态度； 培养作图过程中的逻辑性和条理性； 增强设计师的使命感和社会责任感

任务描述

学习图层的使用技巧是学习 Photoshop 非常重要的一个环节，也是整个学习活动的重点和难点。完美的图像是由众多图层拼合而成的，有的时候一个图像是由几十个甚至上百个图层进行前后重叠的展现，所以学生在学习过程中要树立三维立体概念，在对图层有整体的认识和把握之后，才能清楚地学习图层的使用技巧。

课前自学

1. 学前发布 Photoshop PSD 图像和 JPG 图像，让学生在软件中打开，对比两个图像的区别；

2. 对 Photoshop PSD 分层，学生需要逐一检查每个图层的图像是什么，图层的先后顺序是如何排列的；

3. 将初步自学过程进行记录，特别是将遇到的问题和操作上的困难整理好，以便课上详细听教师讲解。

任务实施

一、明确工作任务

1. 掌握图层面板和图层的基本操作；

2. 掌握运用图层面板、图层样式和图层混合模式对图像进行编辑，能够创建填充/调整图层。

二、完成工作任务

"图层"面板是独立于 Photoshop 工作空间的面板。在神奇的图层里,我们可以进行缩放、更改颜色、设置样式、改变透明度等。一个图层代表了一个单独的元素,设计师可以任意更改。图层在网页设计中起着至关重要的作用,它们用来表示网页的元素,用来显示文本框、图像、背景、内容和更多其他元素的基底。

(一) 图层的概念

图层是图像的分层,一个个图层有顺序地上下叠在一起,组合起来形成图像。可以将每个图层想象成单独的纸张,在一张纸上涂画不会影响其他纸张,上一层会遮盖住下一层的图像,移动、添加或删除都可以改变图像的最终效果,如图 2-1、图 2-2 所示。

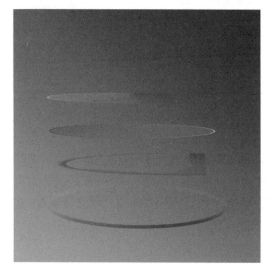

图 2-1　图层原理　　　　　　图 2-2　"图层"面板状态

(二) "图层"面板

"图层"面板用于创建、编辑和管理图层,其中包括了文件中所有图层、效果和图层组。默认状态下,"图层"面板处于开启状态,工作栏中如果没有显示,用鼠标单击菜单栏执行"窗口/图层"即能开启,如图 2-3 所示。

图层混合模式:设定图层的混合模式。图层的混合模式种类较多,使用时可根据需要选择不同的混合模式。

不透明度:设定图层的不透明度。拖动滑块或直接输入数值可以调整图像的不透明度。不透明度选项值为 0%～100%;数值越小,透明度越高,常用于水印效果设置。

添加图层样式:双击需要添加效果的图层,弹出"图层样式"对话框,为当前图层添加图层样式,如图 2-4 所示。

创建图层组:单击"图层"面板右下方第五个按钮,可以新建一个图层组。

新建图层:单击"图层"面板右下方"+"图标,可以新建一个图层。

删除图层:单击"图层"面板右下方垃圾箱图标,可以删除当前选定的图层或图

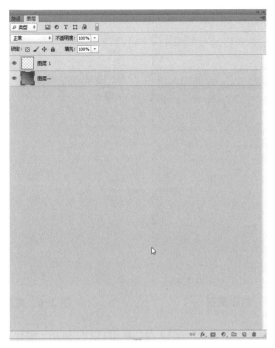

图 2-3 "图层"面板

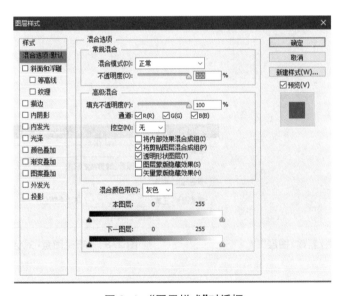

图 2-4 "图层样式"对话框

层组。

眼睛图标：显示眼睛图标为可见图层，再单击眼睛图标为隐藏当前图层。

1. 新建图层

打开 Photoshop，新建一个背景图层或放入图片。点击图层窗口下方的"＋"图标即可新建图层。对新建图层进行修改，并与下层图层效果叠加。删除新建图层后效果

消失,不会影响原图层。如图 2-5、图 2-6 所示。

图 2-5　创建图层

图 2-6　完成效果

　　在 Photoshop 中,点击菜单栏"图层/新建/图层",弹出"新建图层"对话框,输入图层名字点击"确定"即可创建新图层,如图 2-7、图 2-8 所示。

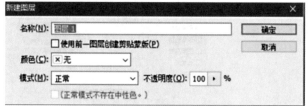

图 2-7　"图层/新建/图层"

图 2-8　"新建图层"对话框

　　2. 分组图层

　　在 Photoshop 中,在设计的时候对图层进行分组,不仅看起来美观,一目了然,而且归类以后也方便日后的修改。在 Photoshop 中,点击"图层"面板中的"创建新组"按钮,创建好组以后再创建新图层,则创建的新图层就都在该分组中了。如果想增加分组,则重复前面的操作即可,如图 2-9、图 2-10 所示。

　　在 Photoshop 中完成了设计但分层太乱时,可以按住 Ctrl 键选中需要整理的图层,再按 Ctrl＋G 键来组成图层组,如图 2-11、图 2-12 所示。

图 2-9 新建图层组

图 2-10 创建新图层

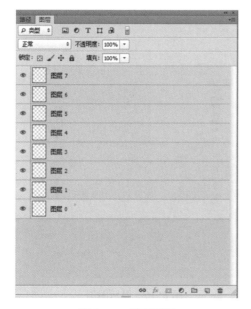

图 2-11 整理图层

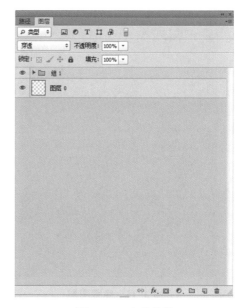

图 2-12 完成效果

3. 重命名图层

新建文档后,会自动出现一个背景层。当新建一个图层时,Photoshop 会自动命名图层名称。新建图层自动命名为"图层 1"。若想重命名图层,鼠标放在"图层 1"上双击,这时就会出现一个编辑框,输入想要的名称即可,如图 2-13、图 2-14 所示。

4. 显示和隐藏图层

当在 Photoshop 中打开源文件的时候发现是空的时,应该检查一下图层是不是被

Photoshop 基础与综合实战

隐藏起来了。选中图层,在"眼睛"图标位置点击即可隐藏图层,如图 2-15、图 2-16所示。

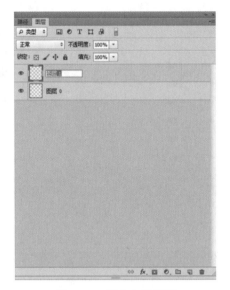

图 2-13　重命名编辑框

图 2-14　重命名图层

图 2-15　隐藏图层

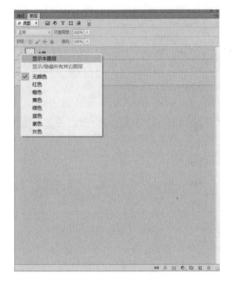

图 2-16　显示图层

5. 合并和删除图层

在 Photoshop 中,同一类的图层可以将其合并,不需要的图层可以将其删除,这样看起来既美观又不容易出错。

合并图层:在处理图像和做设计的过程中会遇到很多图层,可以按 Ctrl 键选中同一类图层,再按 Ctrl+E 进行图层合并,如图 2-17、图 2-18 所示。

删除图层:按住 Ctrl 键选中要删除的图层,用鼠标拖至"图层"面板中垃圾箱图标的位置松开鼠标即可删除,如图 2-19、图 2-20 所示。

图 2-17 选中图层

图 2-18 合并图层

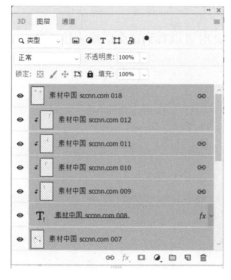

图 2-19 选中要删除的图层

图 2-20 删除图层

6. 锁定图层

首先选中需要锁定的图层,点击"图层"面板中的锁定图标即可锁定图层,如图 2-21 所示。

7. 图层的填充和不透明度

打开 Photoshop,按 Ctrl+N 键新建一个 Photoshop 文件,使用多边形工具在画面上绘制一个五角星图形。给这个五角星添加"描边"样式并添加阴影,把五角星图层的填充数值改为 0%,可以看到五角星填充已经消失了,而样式依然在,如图 2-22 所示。

图 2-21　锁定图层

把填充数值设置为 100%,不透明度改为 0%,此时可以看到这个图层直接不显示了,如图 2-23 所示。

图 2-22　调整填充

图 2-23　调整不透明度

(三) 图层的混合模式

图层混合模式决定当前图层中的像素与其下面图层中的像素以何种模式进行混合,简称图层模式。图层混合模式是 Photoshop 最核心的功能之一,也是在图像处理中最为常用的一种技术手段。使用图层混合模式可以创建各种图层特效,实现充满创意的平面设计作品。Photoshop 中有 25 种图层混合模式,每种模式都有其各自的运算公式。因此,对同样的两幅图像,设置不同的图层混合模式,得到的图像效果也是不同的。限于篇幅,本书仅介绍常用的六种模式。

1. "正常"模式

正常模式为默认模式,显示混合色图层的像素,没有进行任何的图层混合。这意味着基色图层(背景图层)对图层没有影响。

2. "变暗"模式

在该模式下,对混合的两个图层相对应区域的 RGB 通道中的颜色亮度值进行比较,在混合图层中,比基色图层暗的像素保留,亮的像素用基色图层中暗的像素替换,总的颜色灰度级降低,形成变暗的效果,相对应区域中基色图层中较暗的像素就会被显示出来。

3. "变亮"模式

该模式与"变暗"模式相反,是对混合的两个图层相对应区域的 RGB 通道中的颜色亮度值进行比较,取较亮的像素点为混合之后的颜色,使得总的颜色灰度级升高,形成变亮的效果。用黑色合成图像时无作用,用白色时则仍为白色。

4. "叠加"模式

"叠加"模式比较复杂,它根据基色图层的色彩来决定混合色图层的像素是进行正片叠底还是进行屏幕混合。一般来说,发生变化的都是中间色调,亮色和暗色区域基本保持不变。像素是进行正片叠底(Multiply)混合还是屏幕(Screen)混合,取决于基色层颜色。颜色会被混合,但基色层颜色的高光与阴影部分的亮度细节会被保留。

5. "差值"模式

"差值"模式将要混合图层的双方的 RGB 值中每个值分别进行比较,用高值减去低值作为合成后的颜色。这种模式也常使用,白色与任何颜色混合得到反相色,黑色与任何颜色混合颜色不变。

6. "色相"模式

"色相"模式是用混合图层的色相值去替换基层图像的色相值,而饱和度与亮度不变。决定生成颜色的参数包括基层颜色的亮度与饱和度,混合层颜色的色相(这里用到的色相、饱和度、亮度也是一种颜色模式,称作 HSB 模式)。

(四) 图层的样式

在"图层样式"对话框中的"样式"列表区中列出了所有的十种图层样式,勾选前面的方框就可以添加相应的图层样式了。图层样式可以进行多个叠加,既勾选多个。要对某个图层样式进行具体的编辑,单击这个图层样式的名称,就可以在中间的图层样式选区对该图层样式进行具体的设置,如图 2-24 所示。

1. "斜面和浮雕"样式

"斜面和浮雕"样式可以对图层添加高光和阴影,使图像产生立体浮雕的效果。在菜单栏执行"图层/图层样式/斜面和浮雕"命令,如图 2-25 所示。

"斜面和浮雕"样式为复合样式,除了对其参数设置外,还要对"等高线""纹理"进行设置,如图 2-26、图 2-27 所示。

为图层添加"斜面和浮雕"样式后查看与原图的对比效果,如图 2-28、图 2-29 所示。

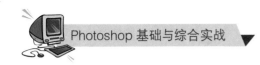

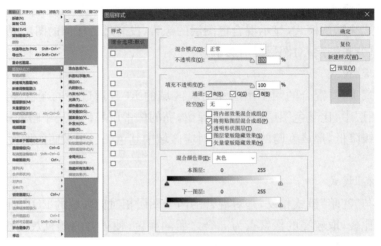

图 2-24　"图层样式"对话框

图 2-25　图层/图层样式/斜面和浮雕

2. "描边"样式

"描边"样式主要是使用纯色、渐变和图案对图层中的图像进行描边。在菜单栏中执行"图层/图层样式/描边"命令,然后在弹出的"图层样式"对话框中"描边"中设置参数,如图 2-30、图 2-31 所示。

46

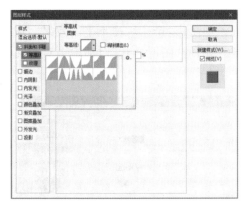

图 2-26 设置"等高线"

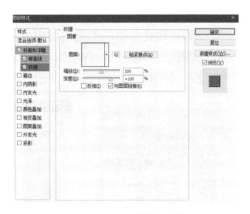

图 2-27 设置"纹理"

图 2-28 设置前

图 2-29 设置后

图 2-30 打开"描边"对话框

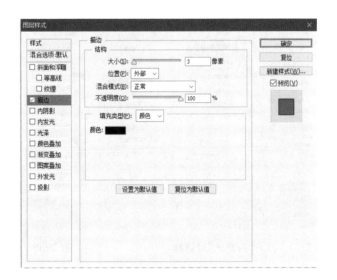

图 2-31 设置描边参数

3. "内阴影"样式

"内阴影"样式主要用于在图层内容的内部添加阴影,产生坑洼不平的效果。在菜单栏执行"图层/图层样式/内阴影"命令,然后在弹出的"图层样式"对话框中对相关参数进行设置,如图 2-32、图 2-33 所示。

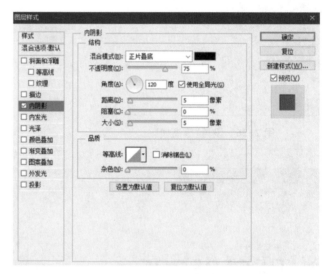

图 2-32　打开"内阴影"对话框　　　　图 2-33　设置内阴影参数

4. "内发光"样式

"内发光"样式主要用于在图层中图像的外边缘向内制作发光效果。在菜单栏执行"图层/图层样式/内发光"命令,在弹出的"图层样式"对话框中对相关参数进行设置,如图 2-34、图 2-35 所示。

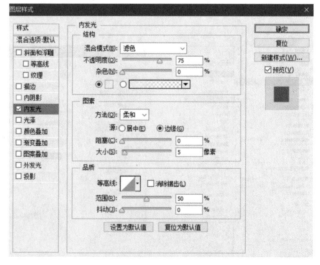

图 2-34　打开"内发光"对话框　　　　图 2-35　设置内发光参数

5. "光泽"样式

"光泽"样式是在图层的上方加一个波浪形效果,也可以理解为是光线照射下的反光度比较高的波浪形表面显示出来的效果。在菜单栏执行"图层/图层样式/光泽"命令,在弹出的"图层样式"对话框中对相关参数进行设置,如图2-36、图2-37所示。

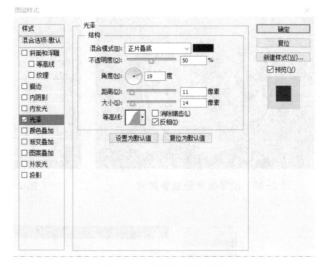

图2-36　打开"光泽"对话框　　　　图2-37　设置光泽参数

6. "颜色叠加"样式

"颜色叠加"样式是通过混合模式和不透明度来设置的,为图层叠加颜色。在菜单栏执行"图层/图层样式/颜色叠加"命令,在弹出的"图层样式"对话框中对相关参数进行设置,如图2-38、图2-39所示。

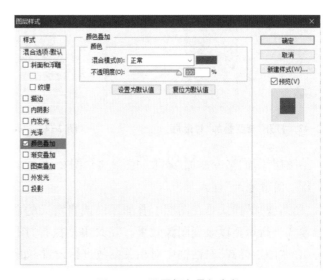

图2-38　打开"颜色叠加"对话框　　　　图2-39　设置颜色叠加参数

给图层添加"颜色叠加"效果如图2-40、图2-41所示。

7. "渐变叠加"样式

"渐变叠加"样式是对图像进行颜色渐变。在菜单栏执行"图层/图层样式/渐变叠

加"命令,在弹出的"图层样式"对话框中对相关参数进行设置,如图 2-42、图 2-43 所示。

图 2-40　设置颜色叠加参数前

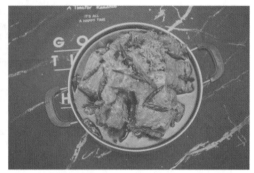

图 2-41　设置颜色叠加参数后

图 2-42　打开"渐变叠加"对话框

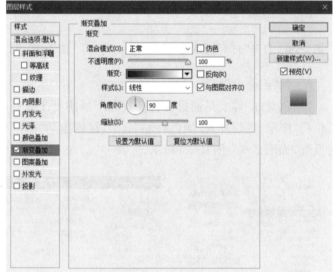

图 2-43　设置渐变叠加参数

给图层添加"渐变叠加"效果如图 2-44、图 2-45 所示。

8."图案叠加"样式

"图案叠加"样式是在图层上叠加预设或自定义的图案,然后对图案的不透明度和混合模式进行调整以改变图像效果。在菜单栏执行"图层/图层样式/图案叠加"命令,在弹出的"图层样式"对话框中对相关参数进行设置,如图 2-46、图 2-47 所示。

给图层添加"图案叠加"效果如图 2-48、图 2-49 所示。

9."外发光"样式

"外发光"样式可以沿着图层内容边缘向外创建发光效果。在菜单栏执行"图层/图层样式/外发光"命令,在弹出的"图层样式"对话框中对相关参数进行设置,如图 2-50、图 2-51 所示。

图 2-44 设置渐变叠加参数前

图 2-45 设置渐变叠加参数后

图 2-46 打开"图案叠加"对话框

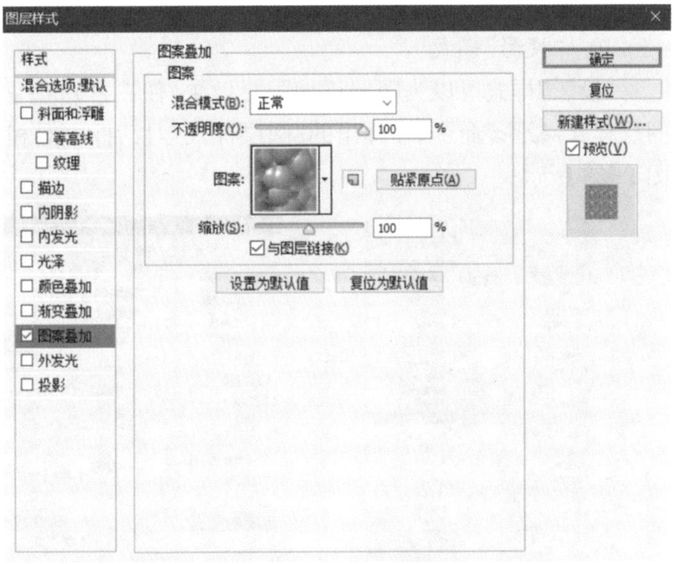

图 2-47 设置图案叠加参数

图 2-48 设置图案叠加参数前

图 2-49 设置图案叠加参数后

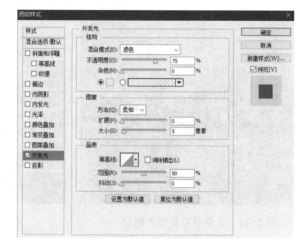

图 2-50　打开"外发光"对话框　　　　　　图 2-51　设置外发光参数

10．"投影"样式

"投影"样式可以为图层添加阴影效果，使图片产生立体感。在菜单栏执行"图层/图层样式/投影"命令，在弹出的"图层样式"对话框中对相关参数进行设置，如图 2-52、图 2-53 所示。

图 2-52　打开"投影"对话框　　　　　　图 2-53　设置投影参数

给图层添加"投影"效果如图 2-54、图 2-55 所示。

图 2-54　设置投影参数前　　　　　　图 2-55　设置投影参数后

（五）上机实训练习——创建金属文字效果

效果展示如图 2-56 所示。

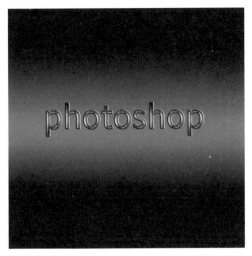

图 2-56　金属文字效果展示

首先选择渐变工具，新建一个渐变方案，然后选择径向渐变，在图层上滑动，这样就填充好了一个渐变背景，如图 2-57 所示。

接着选择文字工具，在图层上打上"photoshop"。当然，内容随意，根据自己的喜好，尽量选择较粗的字体，这样做起来更直观，如图 2-58 所示。

图 2-57　填充渐变背景

图 2-58　输入文字

建好文字图层后，选择"图层"面板下边的混合选项，给字体添加"斜面和浮雕"样式，具体参数如图 2-59 所示。

设置参数后，点击"确定"，然后把该图层的填充调为 0％，如图 2-60 所示。

复制一层文字图层，然后用鼠标右击图层，选择清除图层样式，然后重新添加图层混合选项的"投影"模式，具体效果如图 2-61 所示。

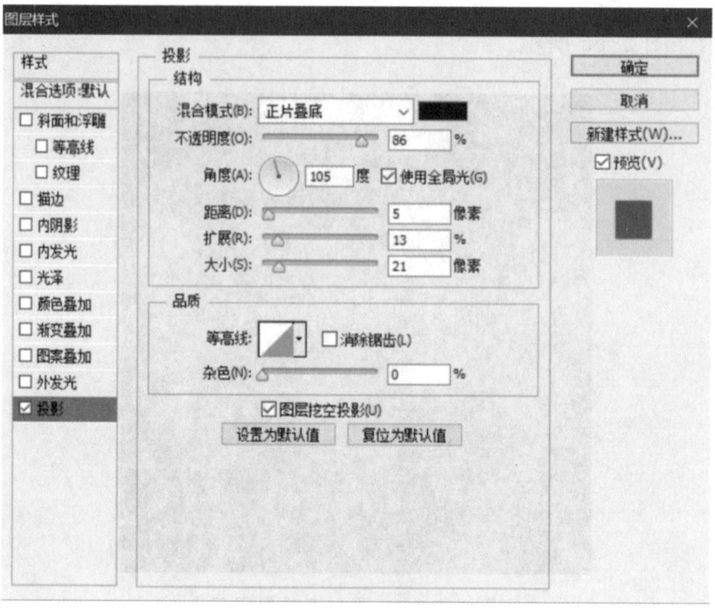

图 2-59 参考数值

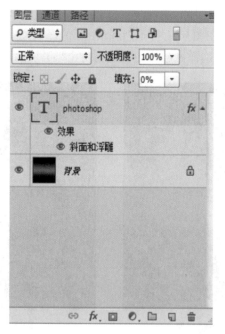

图 2-60 调整填充度

设置好参数之后,点击"确定",然后把图层的填充度调为 0%。

接着再复制一层文字图层,同样用鼠标右击清除图层样式,然后重新添加斜面和浮雕、等高线、内发光、光泽、渐变叠加,具体详细参数如图 2-62~图 2-66 所示。

图 2-61　投影效果

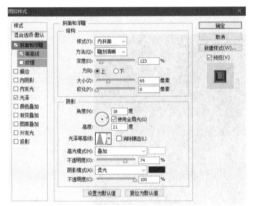

图 2-62　斜面和浮雕参考数值

图 2-63　等高线参考数值

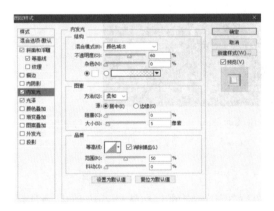

图 2-64　内发光参考数值

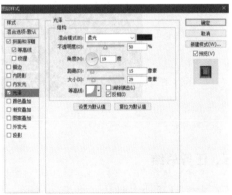

图 2-65　光泽参考数值

至此，金属文字就完成了最终效果，如图 2-67 所示。

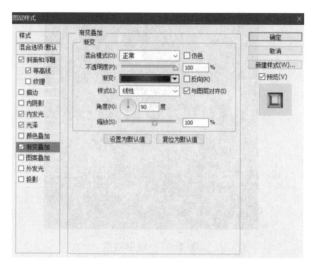

图 2-66　渐变叠加参考数值

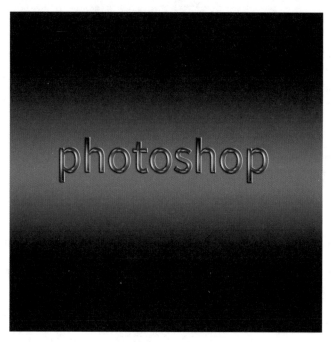

图 2-67　最终效果

三、任务总结

本学习活动主要是针对 Photoshop 的图层知识设定的。在软件的应用中,图层使用的频率无疑是最高的。所以学生在学习过程中要掌握图层的基本工作原理和方法,熟练掌握图层面板和图层的基本操作,能够灵活运用图层面板、图层样式和图层混合模式对图像进行编辑,能够创建填充/调整图层。

四、学生自评

图层的使用技巧评价表			
序号	鉴定评分点	分值	评分
1	掌握新建图层、图层面板缩览图、隐藏图层、更改图层名称、新建图层组的操作方法和步骤	20	
2	掌握选择图层、复制图层、删除图层的操作方法和步骤	20	
3	掌握合并图层、锁定图层的操作方法和步骤	20	
4	能够根据画面需求掌握图层面板、图层样式和图层混合模式命令的使用方法	20	
5	掌握图层样式和图层混合模式的用法和操作步骤	20	
6	整体掌握程度　　非常好□　较好□　一般□　较差□　其他□		
评价意见：			

课后巩固与拓展

1. 选择题

(1) 图层顺序由(　　)决定。

A. 图层名称　　　　　　　　　　B. 图层类型

C. 图层在图像中的位置　　　　　D. 图像大小

(2) (　　)可以增加图像的对比度。

A. 叠加模式　　　B. 变暗模式　　　C. 变亮模式　　　D. 差值模式

(3) 在 Photoshop 设计中完成设计但分层太乱，可以按住 Ctrl 选中需要整理的图层，按住(　　)来建成图层组。

A. Ctrl＋G　　　　　　　　　　B. Shift＋G

C. Alt＋Shift＋G　　　　　　　D. Ctrl＋Shift＋G

(4) 填充图层不包括(　　)。

A. 图案填充图层　　B. 纯色填充图层　　C. 渐变填充图层　　D. 快照填充图层

(5) 在图层面板中不可以调节的参数是(　　)。

A. 不透明度　　　B. 新建图层　　　C. 隐藏/显示　　　D. 图层大小

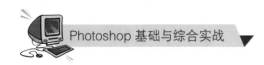

（6）在处理照片和做设计的过程中会遇到很多图层，可以按 Ctrl 键选中同一类图层，按住（　　）进行图层合并。

A. Ctrl+E 　　　　　B. Shift+E 　　　　C. Alt+Shift+E 　D. Ctrl+Shift+E

（7）下列关于新建图层的操作中正确的有（　　）。

A. 按 Ctrl+A 　　　　　　　　　　　B. 单击创建新图层按钮

C. 执行"图层/新建/图层"命令 　　　　D. 在图层面板中选中新建图层

（8）要合并选中的图层，可执行的操作有（　　）。

A. 按 Ctrl+E 　　　　　　　　　　　B. 按 Ctrl+Shift+EJ 键

C. 在图层面板中选 　　　　　　　　　D. 选则"图层/拼合图像"命令

（9）设定图层的不透明度可以拖动滑块或直接输入数值，不透明度选项值为（　　），数值越小，透明度越高。

A. 0～255 　　　　B. 1～155 　　　　C. 1～100 　　　　D. 0～100

（10）像素是进行正片叠底（Multiply）混合还是屏幕（Screen）混合，取决于（　　）。

A. 混合层颜色 　　B. 基色层颜色 　　C. RGB 颜色 　　　D. 白色

2. 实战练习

运用素材文件制作水晶文字效果，具体操作参照正文中金属文字效果的制作方法，制作完成效果如图 2-68 所示。

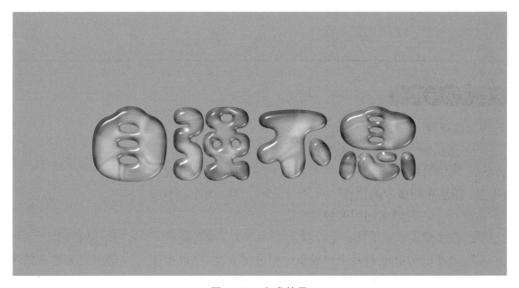

图 2-68　完成效果

学习活动 2　图像的选取技术

教学目标

知识目标	能力目标	素质目标
熟练掌握选框工具的使用方法； 熟练掌握套索工具的使用方法； 熟练掌握魔棒工具的使用方法； 熟练掌握常用选择工具的使用方法	能够根据画面需求进行简单抠图的能力； 能够根据画面需要掌握基本选择的能力； 能够根据设计需要对图像进行局部框选的能力； 能够掌握选区工具和常用选择工具命令	培养爱岗敬业的精神和职业道德意识； 培养综合运用知识分析、处理问题的能力； 培养空间画面想象能力、创新意识，形成正确、规范的思维方式和分析方法； 树立正确的社会主义核心价值观，塑造良好的职业素养和品德素养

任务描述

　　图像选取技术涉及 Photoshop 工具栏中的选框工具（矩形选框工具、椭圆选框工具、单行选框工具、单列选框工具）、套索工具（套索工具、多边形套索工具和磁性套索工具）、魔棒工具（快速选择工具、魔棒工具）。这些工具能够根据需要对图像局部进行选择，涉及新选区、交叉选区、从选区中添加、从选区中减去等命令。在学习过程中，不但要掌握每个工具的使用范围和前提条件，还要掌握其属性和操作方法。

课前自学

　　1. 根据本活动的教学内容，提前预习选框、套索、魔棒三种选择工具；

　　2. 打开一个图像文件，尝试三种选区工具的操作方法，了解三种工具的特性；

　　3. 对比三种选区工具的属性栏有什么异同，把相同的因素找出来，然后对比不同的属性；

　　4. 将初步自学过程进行记录，将遇到的问题特别是操作上的困难整理好，以便课上详细听教师讲解。

任务实施

一、明确工作任务

　　1. 熟练操作图像选取；

　　2. 掌握利用选框工具、套索工具、魔棒工具配合新选区、添加到选区、从选区中减去、与选区交叉、反选、羽化等命令对图像进行综合操作。

二、完成工作任务

（一）选区工具的选择

在 Photoshop 中操作时，建立选区是第一步，也是最重要的一步，只有建立好选区，才能更好地进行后续的操作。打开 Photoshop 后，在工具栏选择合适的选区工具，如套索工具选取。有三种套索工具，选择合适的一种建立选区，如图 2-69 所示。

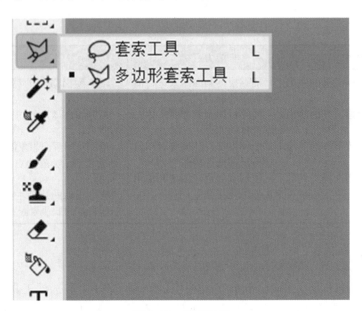

图 2-69　套索工具

也可以利用选框工具、魔棒工具和快速选择工具选取建立选区，如图 2-70、图 2-71 所示。

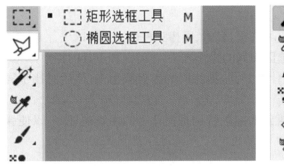
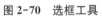

图 2-70　选框工具

图 2-71　魔棒工具

选择好选区后，单击鼠标右键，在弹出的列表中选择"通过拷贝的图层"，如图 2-72 所示，这样选区就建立好了。

1. 选框工具

在 Photoshop 中，选框工具是很强大的，对于照片，其能直接选中大面积的矩形、圆

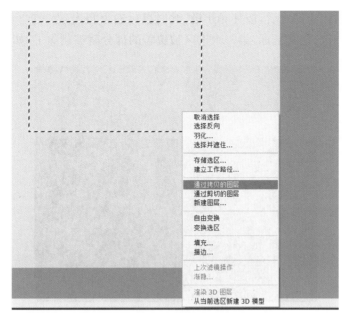

图 2-72　建立选区

形等进行删除（Delete）处理，同样也可以直接进行填充。

建立一个画布。这里以图片的裁剪填充为案例。把图片素材拖进画布里面。直接拖进来的 JPG 格式图片通常为智能对象，右击图层，选择"栅格化图层"。

在左侧工具栏找到矩形选框工具/椭圆选框工具，直接在画板上点击拖拽，可以获得任意矩形/椭圆的选区；按住 Alt 键点击拖拽，可以获得以起点为中心点的任意矩形/椭圆的选区；按住 Shift 键点击拖拽，可以获得正方形/圆形选区；按住 Alt＋Shift 键点击拖拽，可以获得以起点为中心点的正方形/圆形选区，如图 2-73 所示。

图 2-73　建立选区

第一个选区创建好之后,按住 Alt 键,此时鼠标右下角出现一个"－"号,点击拖拽覆盖到第一个选区,松开鼠标,第一个选区被覆盖的部分就被删除了,如图 2-74 所示。

图 2-74　裁剪选区

第一个选区创建好之后,按住 Shift 键,此时鼠标右下角出现一个"＋"号,点击拖拽选区,松开鼠标,此时两个选区就都被保留了,如果增加的选区与覆盖的选区相连接,就会形成一个总的选区,如图 2-75 所示。

图 2-75　增加选区

在图片栅格化的前提下,选区创建好之后,按 Delete 键可以直接删除选中的部分,也可以利用前景色、背景色给选中的部分填充颜色,如图 2-76、图 2-77 所示。

2. 套索工具

在 Photoshop 中,用来建立选区的工具有很多种,其中套索工具的功能表现得尤为突出。

打开 Photoshop,打开一张图片,将图片图层拖拽至"新建图层"图标处进行复制。

点击套索工具,勾画出物体的轮廓。套索工具全靠鼠标操作,鼠标的运动轨迹就是选择的轨迹,通过按住 Shift 键添加选区,完成对物体的选取,如图 2-78 所示。如图 2-79 所示,多边形套索工具在选择过程中利用鼠标添加选择的节点,连接这些节点就形成了直线段构成的多边形,所以在选择弧线图像的时候要多增加节点来展示选择的光滑度。

图 2-76 删除选区

图 2-77 填充选区

图 2-78 套索工具

图 2-79 多边形套索工具

3. 魔棒工具

对于一些分界线比较明显的图像,通过魔棒工具可以快速将选取图像。魔棒工具的功能是知道点击位置的颜色,并自动获取附近区域相同的颜色,使它们处于选择状态。魔棒工具选择是根据图像色相匹配度和亮度(明度)进行选择,在属性栏更改数值就能改变选择范围。

新建画布,打开一张素材图片,如图 2-80 所示。按 Ctrl+J 键复制背景图层。在左侧工具栏中选择"魔棒工具",单击需要处理的图片背景区域,按 Delete 键删除,并把背景图层设置为不可见,这样动物图像就选取出来了,如图 2-81 所示。

4. 钢笔工具

"钢笔"工具是 Photoshop 中非常典型的矢量绘图工具,是最常用的路径绘制工具。使用该工具,可以绘制任意形状的曲线或直线路径。使用它绘制的路径非常精确,将路径转换为选区后就可以选中图层进行精确的选图。

图 2-80　打开素材

图 2-81　选取动物图像

　　点击工具箱中的"钢笔工具"按钮,将光标移动到图像中图形的边缘,单击鼠标左键即可创建一个锚点,接着将鼠标移动到第二个位置单击,创建第二个锚点,此时两个锚点会连接成一条直线路径,如图 2-82 所示。

图 2-82　创建锚点

　　要用钢笔工具画曲线路径时,需要在创建完第二个锚点后按住鼠标左键不放并进行拖拽,曲线路径的方向、弧度及形状可以通过拖动方向线来控制。按住 Shift 键可以绘制水平、垂直或者以 45°角为增量的直线路径,如图 2-83 所示。

　　绘制曲线路径转折向直线路径时,在转折锚点处可以先按住 Alt 键将钢笔工具切换到转换点工具,然后单击转折位置的锚点,继续绘制直线路径,如图 2-84、图 2-85所示。

图 2-83　曲线路径

图 2-84　切换转换点

图 2-85　绘制直线路径

在绘制过程中要调整锚点的位置时,按住 Ctrl 键切换到直接选择工具,点击锚点按住鼠标左键进行拖动以改变锚点的位置。随着锚点位置的改变,路径形状等也发生改变,如图 2-86、图 2-87 所示。

图 2-86　绘制曲线路径

图 2-87　调整锚点

绘制到起始锚点位置时,光标变为了钢笔图标带小圆圈的形状后,单击鼠标闭合路径。此时,可以按路径转换为选区的快捷键 Ctrl＋Enter 将该路径转换为选区,然后就可以在选区中进行选图、填充等操作了,如图 2-88、图 2-89 所示。

图 2-88 封闭路径

图 2-89 转换选取

钢笔工具的选图是在"路径"绘图模式下进行操作的。如果要用钢笔工具画一个不规则的矢量图形,就要先选择绘图模式为"形状",然后在选项栏中设置填充颜色和描边,用与绘制路径相同的绘制方法绘制出一个矢量图形,如图 2-90、图 2-91 所示。

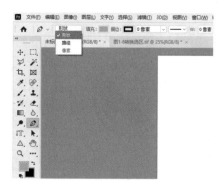

图 2-90 切换"形状"

图 2-91 绘制矢量图

(二)选区的基本操作

1. 全选与反选

全选是指在文档界面中,通过执行相关命令来选择该文档的所有图像;而反选是指在选择文档内一部分图像后,通过单击鼠标右键获取反选命令,从而选择其余的图像。

在菜单栏执行"选择/全部"命令或按 Ctrl+A 快捷键,可以选择当前文档边界内的全部图像,如图 2-92 所示。

图 2-92 全选

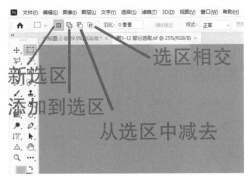

图 2-93 运算选取

在执行"全部"命令后,再按 Ctrl+C 快捷键,就可以复制选区内的图像。如果文档中包含多个图层,则可按 Shift+Ctrl+C 快捷键(合并拷贝)复制。选区运算是指在画面中存在选区的情况下,使用选框工具、套索工具和魔棒工具等创建选区时,在新选区与现有选区之间进行运算。在 Photoshop 中一次操作很难将所需对象完全选中,这就需要通过运算来对选区进行完善,如图 2-93 所示。

2. 选区调整

新选区:单击"新选区"按钮后,如果图像中没有选区,就可以新创建一个选区,如果图像中有选区存在,则新创建的选区会替换原有的选区,如图 2-94 所示。

图 2-94 新选区

添加到选区:单击"添加到选区"按钮后,可在原有选区的基础上添加新的选区,如图 2-95 所示。

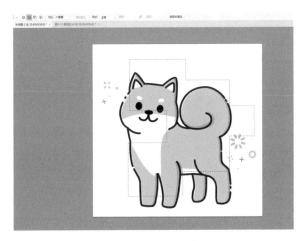

图 2-95 添加到选区

从选区中减去：单击"从选区中减去"按钮后，可在原有选区中减去新创建的选区，如图 2-96 所示。

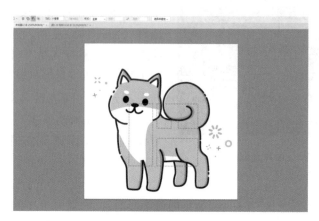

图 2-96　从选区中减去

选区交叉：单击"选区交叉"按钮后，画面中只保留原有选区与新创建的选区相交的部分，如图 2-97 所示。

图 2-97　选区交叉

3. 选区的移动

使用矩形选框工具、椭圆选框工具创建选区时，在放开鼠标按键前，按住空格键拖动鼠标，即可移动选区。在使用矩形等选框工具创建选区时，直接在选区内部单击鼠标左键，即可拖动选区位置。

创建选区以后，如果新选区按钮为按下状态，则使用选框、套索和魔棒工具时，只要将光标放在选区内，单击并拖动鼠标即可移动选区。如果要轻微移动选区，可以按键盘上的↑、↓、←、→键，如图 2-98、图 2-99 所示。

4. 选区的拷贝和剪切

此部分内容是让初学者在使用 Photoshop 的过程中学习复制或剪切选区内容到新图层等基本操作。

图 2-98 创建新选区

图 2-99 移动新选区

在菜单栏执行"文件/打开"命令或按快捷键 Ctrl＋O 打开素材图片(JPG 格式),如图 2-100 所示。选择工具箱中的"矩形选框工具",如图 2-101 所示。

图 2-100 打开文件

图 2-101 矩形选框工具

在图像上绘制一个矩形，就有了一个矩形的选区，如图 2-102 所示，执行"编辑/拷贝"命令或按快捷键 Ctrl＋C，如图 2-103 所示。

图 2-102　选择选区

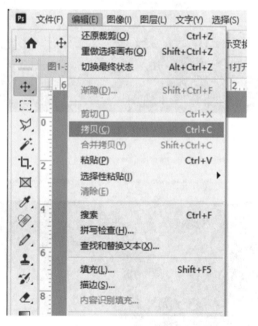

图 2-103　拷贝选区

执行"编辑/粘贴"命令或按快捷键 Ctrl＋V，如图 2-104 所示。

此时的"图层"面板将选区内容粘贴到新的图层中，如图 2-105 所示。

用橡皮擦工具将新粘贴的牵牛花周围轻轻擦掉，注意花瓣的边缘，如图 2-106 所示。执行"图像/调整/色彩平衡"命令，调整一下花瓣的颜色，如图 2-107 所示。

图 2-104　粘贴选区

图 2-105　粘贴效果

图 2-106　橡皮擦效果

图 2-107　效果显示

5. 选区的羽化

　　首先,新建一个文件,文件大小任意。新建后,使用选框工具、套索工具选区,如图 2-108 所示。

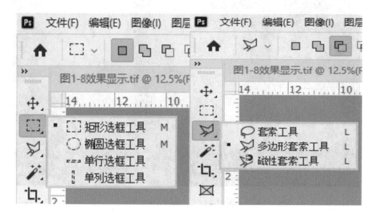

图 2-108　打开选框和套索工具

　　然后,点击菜单栏下方的"羽化",设置羽化值。一般羽化值越大,边缘越柔和,过度也自然;羽化值越小,边缘越生硬,如图 2-109 所示。

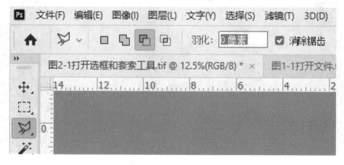

图 2-109　羽化显示

或者使用选框工具、套索工具选区之后,右击选区选择"羽化",然后在弹出的窗口中选择羽化值或者执行"选择/修改/羽化"命令,如图 2-110 所示。左边为 0 像素,右边为 50 像素,如图 2-111 所示。

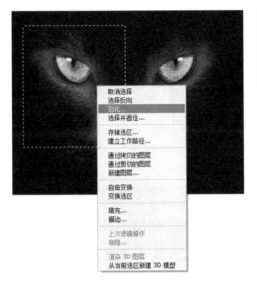

图 2-110　羽化选择　　　　　　　　　　　图 2-111　羽化后区别

6. 选区的反选

首先使用 Photoshop 打开一张图片,使用选区工具选区,如图 2-112 所示。按 Photoshop 的反选快捷键 Ctrl＋Shift＋I 便可以将选区反向,如图 2-113 所示。

图 2-112　选区　　　　　　　　　　　　图 2-113　选择反向

还可以在做出选区之后点击"选择/反选"命令,如图 2-114 所示。

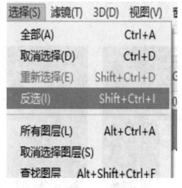

图 2-114　反选

知识延伸：中性色图层

　　Photoshop 中调色的方法有很多,每个方法都有不同的特点,这里说的中性色图层,简单来说就是 50％灰度的图层,当然模式也要是柔光模式,这样盖在原图层上边是没有任何变化的,也不会损坏原图。

　　首先打开 Photoshop,然后打开需要调色的图片,复制一个图层,如图 2-115 所示。

图 2-115　打开图片

　　接下来选择菜单栏的"图层"选项,然后点击"新建",接着选择"图层",如图 2-116 所示。

　　在弹出的"新建图层"的对话框中,在"模式"选项中选择"柔光"模式,然后勾选下边的"填充柔光中性色",接着点击"确定",如图 2-117 所示。

　　选择工具栏的画笔工具,选择比较柔和的,然后将不透明度设置为 35％,根据图片适当调节。接下来将前景色和背景色恢复为默认的黑白色,前景色为白色,调节画笔的大小,将图片中的鸟上进行擦抹,然后可以看到小鸟变亮了,如图 2-118 所示。接下来

图 2-116　新建图层

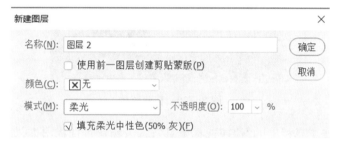

图 2-117　"新建图层"对话框

将前景色变为黑色,背景色为白色,然后用画笔工具擦抹小鸟之外的背景,这样就加深了背景的颜色,主体就更加突出了,如图 2-119 所示。

图 2-118　提亮照片

图 2-119　虚化背景

（三）上机实训练习——制作证件照

步骤一：用 Photoshop 打开一张正面照片，用裁剪工具设置证件照片的参数。选择 Photoshop 里面的"裁剪"工具，设定裁剪参数（1 寸：宽 2.5 cm，高 3.5 cm），调正照片，如图 2-120 所示。

图 2-120　剪裁照片

步骤二：选择工具栏上的"快速选择工具"，将人物背景选择出来，如图 2-121 所示。将背景色换成蓝色，然后按 Alt+Delete 填充前景色，这时就把照片填充成了刚刚选择的蓝色。按 Ctrl+D 键取消选中，证件照就完成了，如图 2-122 所示。

图 2-121　选取人物　　　　　　　　图 2-122　填充背景色

三、任务总结

本活动主要对 Photoshop 选区工具的使用方法进行了知识学习。选区工具是 Photoshop 软件中使用率非常高的工具，是图像修正、图像处理、图像编辑等操作前范围的选定。要对选框工具（矩形选框工具、椭圆选框工具、单行选框工具、单列选框工具)、套索工具(套索工具、多边形套索工具、磁性套索工具)、魔棒工具、快速选择工具和钢笔工具的使用方法进行全面的掌握,能够根据需要选择不同的工具进行图像选取。

四、学生自评

图像的选取技术评价表			
序号	鉴定评分点	分值	评分
1	掌握矩形选框工具、椭圆选框工具的使用方法	15	
2	掌握套索工具、多边形套索工具、磁性套索工具的使用方法	15	
3	掌握快速选择工具、魔棒工具的使用方法	15	
4	掌握选框工库、套索工具、魔棒工具的工具属性,能够熟练地运用创建新选区、从选区中添加、从选区中减去、交叉选区等命令	30	
5	能够对图像进行抠图操作	25	
6	整体掌握程度　　非常好□　较好□　一般□　较差□　其他□		
评价意见:			

课后巩固与拓展

1. 简述套索工具、魔棒工具、钢笔工具选择图像时的用法。
2. 用选区工具选出图 2-123 中的动物形象,使之成为独立图层。

图 2-123　选区练习

模块三 文字、形状与色彩调整

 ## 学习目标

此次学习目标通过 3 个情景学习活动实现。

学习活动 1：文字的使用技巧——熟练掌握文字工具的使用方法。

学习活动 2：路径与形状工具——灵活掌握形状工具、钢笔工具、路径/形状操作与编辑。

学习活动 3：图像色彩处理——掌握色阶、曲线、亮度/对比度、变化、色彩平衡、色相/饱和度、暗调/高光、匹配颜色、色调均化、去色、反相、阈值等图像色彩处理命令，能够对图像进行熟练的色彩调节。

 ## 建议学时

10 学时。

 ## 学习情景描述

此模块包含文字的使用技巧、路径与形状工具和图像色彩处理三个情景学习活动。主要介绍了 Photoshop 中的文字工具和形状工具的使用技巧和命令用法，在色彩调整命令中包含的十几个常用的子命令，这些知识点是学习 Photoshop 的基础，也是必须掌握的内容。

学习活动 1 文字的使用技巧

教学目标

知识目标	能力目标	素质目标
掌握文字工具的基本操作； 掌握字体语言和形的基本特点	具备熟练区分横排文字工具、直排文字工具、横排文字蒙版工具、直排文字蒙版工具的能力； 具备文字输入、修改文字属性的操作能力； 具备字间距、行间距修改的操作能力	培养爱岗敬业精神和职业道德意识； 培养精益求精的工匠精神； 培养对软件操作的科学严谨态度； 培养作图过程中的逻辑性和条理性； 增强设计师的使命感和社会责任感

任务描述

在处理图像的时候，有时候只有图像并不能完全表达其内涵，需要添加文字进行说明。利用文字工具，可以方便准确地进行文字的排版和变化，增加文字的艺术效果，提高图像的丰富程度。

输入文字，进行编辑，制作有特殊效果的文字可以增加图像的艺术性和视觉效果。

课前自学

1. 在软件中找到文字工具图标，并打开隐藏图标进行试练习；

2. 尝试在画布中添加文字，结合文字属性进行文字大小、字体、颜色的修改；

3. 观察文字图层和其他图层的差异；

4. 将初步自学过程进行记录，将遇到的问题特别是操作上的困难整理好，以便课上详细听教师讲解。

任务实施

一、明确工作任务

能够灵活使用横/直排文字选项设置。

二、完成工作任务

文字工具是 Photoshop 中的重要工具，文字是设计作品时使用最多的元素之一，也是平面设计作品传递信息和表达版式的主要手段。本环节主要介绍文字工具、钢笔工

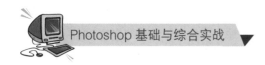

具和形状工具的综合使用,熟练掌握这些工具可让画面更加丰富和精美。

核心知识点:

● 文字的创建及编辑;

● 文字的性格特点和适用范围;

● 矢量图形的绘制;

● 矢量图形的编辑。

1. 文字的创建和编辑

文字是人类文化的重要组成部分,也是人们用来交流和传递信息的主要手段。在版式设计中,文字是重要的构成要素,也是视觉传达最直接的方式。版式设计中对字体种类的选择、字号大小的设置、字距和行距疏密的编排,都是字体表现形式的主要组成部分,不仅要充分考虑文字的视觉冲击力,还要形成有秩序和平衡的感觉,如图 3-1 所示。

图 3-1　文字展示

(1) 创建基础文字

运行 Photoshop,在创建的文件中输入文字,首先要选择文字工具,软件默认的是横排文字工具,在文件上单击鼠标左键就会出现文字光标,直接输入文字即可。在文字工具的属性栏中可以对选中的文字的字体、字号、颜色、对齐方式进行编辑,如图 3-2 所示。

图 3-2　创建文字

图 3-3　创建变形文字

（2）创建变形文字

有时候创建文字要根据画面的需要对文字排列方式进行变形。Photoshop 的文字工具自带了扇形、下弧、上弧、拱形、凸起、贝壳、花冠、旗帜、波浪、鱼形、增加、鱼眼、膨胀、挤压、扭转等变形样式，如图 3-3 所示。

（3）创建路径文字

打开 Photoshop，创建一个新的画布。在 Photoshop 操作界面的左边选择钢笔工具，也可以直接使用快捷键 P。选择好钢笔工具之后，在画布上任意画一条曲线，选择左边的"文字"工具，然后在曲线的任意位置点一下开始编辑。这里要注意，一定要在曲线上点击。进入编辑状态之后，编辑的文字是跟着曲线路径变化的。编辑完成之后，点击图层位置的空白部分路径就消失了，但是文字路径仍然保留着。这样，路径文字就创建好了，如图 3-4 所示。

但是在利用 Photoshop 制作路径文字时，可能会遇到输入的文字不能完整显示的问题。遇到这种情况，选中窗口左侧工具箱中的直接选择工具（白色箭头）（如果箭头为黑色，可按 Shift＋A 键切换到白色箭头），将鼠标光标放置在画布中显示出来的最后一个字的右侧，光标会变成黑色三角形，此时再沿着曲线路径往右侧拖动鼠标，直到剩余的字全部显示出来。

图 3-4　创建路径文字

图 3-5　栅格化文字

（4）栅格化文字

栅格化文字就是把文字变成一张普通的图片，这样就可以像对待普通图片一样对其进行裁剪、变形等处理，但因为不再是文字了，所以不能再用文字工具修改具体内容。在 Photoshop 中，用文字工具生成的文字未栅格化前，优点是可以重新编辑，如更改内容、字体、字号等；而缺点是无法使用 Photoshop 中的滤镜。使用栅格化命令将文字栅格化，可以制作更加丰富的效果，如图 3-5 所示。

（5）文字蒙版

选中文字蒙版工具，在图像文件上单击或拖拉鼠标，将产生一个红色的重叠的蒙版区域。也可以选择直排文字蒙版工具。在未退出文字工具之前，在选中文字的前提下，仍可以修改文字的字体、大小、对齐方式、变形、字符和段落等。输入结束后，要确认使用蒙版，单击文字工具属性栏中的"确定"按钮。这时在图像文件中出现了

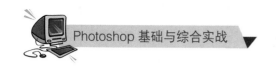

一个文字选区,与文本图层不同的是,其不会在"图层"面板上自动生成一个文本图层,而是需要新建一个图层。文字选区与其他选区相同,可以修改和填充颜色,栅格化后还可以添加滤镜效果。

在使用文字蒙版工具时,一旦单击"确定"按钮变为文字选区后,就不能使用文字工具去改变字体、大小等,因为这时文字只具备选区特性而不具备文字特性。

2. 文字格式的设置

除了文字属性栏可以进行简单的文字设置,还可以在"字符"和"段落"面板中对间距、样式、缩进等参数进行设置。

(1) 字符格式的设置

行距:用来设置字符之间的行距,数值越大,行距越大。

字符微距:用来微调两个字符之间的距离,在下拉列表中可以选择预设的字符微距值。

字距调整:用来设置字符间距,正值增大,负值减小。

垂直缩放/水平缩放:用来对字符进行垂直/水平缩放。

比例间距:用于字符间的比例间距的调整。

文本样式:用于对文本设置装饰效果,分别是仿粗体、仿斜体、全部大写、小型大写字母、上标、下标、下划线和删除线。

语言设置:用于对字符进行有关连字符及拼写规则的语言设置。

基线偏移:用于使字符根据设置的参数上下移动位置,正值使文字上移,负值使文字下移。

OpenType:用于设置文字的各种特殊效果,分别是标准连字、上下文替代字、自由连字、花饰字、文体代替字、标题代替字、序数字和分数字等。这一功能主要是针对英文起作用。

(2) 段落格式的设置

对齐方式:用来对段落对齐方式进行设置,包括左对齐、居中对齐、右对齐、最后一行左对齐、最后一行居中对齐、最后一行右对齐以及全部对齐。

段落缩进:用来对段落文字和文本框之间距离或者段首行缩进文字的距离进行设置,包括左缩进、右缩进、首行缩进。

段落距离:用来对段落之间的距离进行设置。

连字:将文字强制对齐时,会将行末端的单词断开至下一行。

三、任务总结

本任务主要对 Photoshop 中文字工具的使用方法进行学习。文字工具是 Photoshop 中使用率非常高的工具,包括对文字要素进行编辑,调整文字大小、排列方向,选择字体、颜色等。文字是设计中不可或缺的一部分,同时也是重要的设计要素,设计者不但要对文字工具进行认真的学习,还要对常用字体的性格特点进行掌握,比如黑体、宋体、综艺体、琥珀体、彩云体、幼圆体等。

四、学生自评

文字的使用技巧评价表			
序号	鉴定评分点	分值	评分
1	具备熟练区分横排文字工具、直排文字工具、横排文字蒙版工具、直排文字蒙版工具的能力	30	
2	具备文字输入、修改文字属性的操作能力	35	
3	具备字间距、行间距修改的操作能力	35	
4	整体掌握程度　　非常好□　较好□　一般□　较差□　其他□		
评价意见：			

课后巩固与拓展

　　简述如何调整段落文字字间距、行间距、字体颜色和字体样式。

学习活动 2　路径与形状工具

教学目标

知识目标	能力目标	素质目标
掌握形状工具的基本操作； 掌握钢笔工具的基本操作； 掌握路径操作与形状编辑的基本操作方法	具备能够根据画面和设计需求进行路径操作、形状编辑等的能力； 具备钢笔工具绘图的能力； 具备创建新路径、存储工作路径、删除路径、编辑路径的操作能力	培养爱岗敬业的精神和职业道德意识； 培养精益求精的工匠精神； 培养对软件操作的科学严谨态度； 培养作图过程中的逻辑性和条理性； 树立正确的社会主义核心价值观； 增强设计师的使命感和社会责任感

任务描述

　　计算机绘制的图像可以概略地分为两种类型：第一种为点阵图，这种类型的图像是由一个个像素所构成的，通过定义这些像素的色彩，便能描绘出各式各样的图像；第二种类型称为矢量图，这种图像是由各种函数定义的矢量对象构成的，可以通过这些矢量对象的外形及色彩定义组合出各种有趣的图像。

　　Photoshop 虽然是以图像处理为主的绘图软件，但也可处理矢量图。

课前自学

　　1. 学前需要学生在软件中找到相应的工具图标，对工具中的隐藏图标进行试练习并熟记；

　　2. 尝试对钢笔工具、添加锚点工具、删除锚点工具、转换点工具的操作；

　　3. 尝试对矩形工具、圆角矩形工具、椭圆工具、多边形工具、直线工具、自定形状工具的操作，区分这些工具的属性；

　　4. 将初步自学过程进行记录，将遇到的问题特别是操作上的困难整理好，以便课上详细听教师讲解。

课前自学

一、明确工作任务

　　能够灵活运用路径与形状工具、钢笔工具，路径/形状操作与编辑的使用方法和操作步骤。

二、路径与形状工具

(一) 钢笔工具(路径工具)

在 Photoshop 中,钢笔工具是最强大的绘图工具之一,在设计中应用非常广泛,结合不同的绘图模式使用时,用途也不同。钢笔工具＋路径绘图模式,能绘制出精确的路径,将路径转换为选区后可以进行选图,也可以为选区进行填充或描边。钢笔工具＋形状绘图模式,可以绘制 UI 图标、插画等,此种绘图方法可以对绘制的图形进行重新编辑。钢笔工具是标准的绘图工具,使用该工具可以绘制任意形状的高精准度图形,在作为选区工具使用时,钢笔工具绘制的轮廓光滑、准确,将路径转换为选区可以精确地选取对象。

绘制直线:单击"钢笔工具",在其选项栏中设置"绘制模式"为"路径",在画面中单击鼠标左键,画面出现第一个锚点,然后在下一个位置单击鼠标,这样在两个锚点之间就形成了一段直线路径,如图 3-6 所示。

绘制曲线:曲线路径由平滑的锚点组成。使用"钢笔工具"直接在画面中单击,创建出的是尖角的锚点。想要绘制平滑的锚点,需要按住鼠标左键拖动,此时可以看到按下鼠标左键的位置生成了一个锚点,而拖拽的位置显示了方向线,此时可以在按住鼠标左键的同时上、下、左、右拖拽方向线,以调整方向线的角度,曲线的弧度也随之发生变化,如图 3-7 所示。

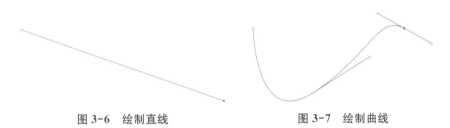

图 3-6　绘制直线　　　　　　　图 3-7　绘制曲线

1. "添加锚点"工具

将"钢笔"工具移动到建立的路径上,若当前此处没有锚点,则"钢笔"工具转换成"添加锚点"工具。在路径上单击鼠标可以添加一个锚点,效果如图 3-8 所示。将鼠标光标移动到建立的路径上,若当前此处没有锚点,则"钢笔"工具转换成"添加锚点"工具,单击鼠标添加锚点后按住鼠标左键不放,向上拖拽鼠标,建立曲线和曲线锚点,效果如图 3-9 所示。

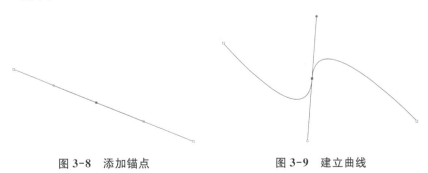

图 3-8　添加锚点　　　　　　　图 3-9　建立曲线

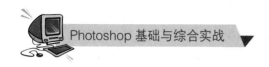

2. "删除锚点"工具

"删除锚点"工具用于删除路径上已经存在的锚点。选择"钢笔"工具,将鼠标光标移动到路径的锚点上,则"钢笔"工具转换成"删除锚点"工具,单击锚点将其删除。

3. "转换点"工具

使用"转换点"工具单击或拖拽锚点可将其转换成直线锚点或曲线锚点,拖拽锚点上的调节手柄可以改变线段的弧度。按住 Shift 键,拖拽其中的一个锚点,将强迫手柄以 45°或 45°的倍数进行改变。按住 Alt 键,拖拽手柄,可以任意改变两个调节手柄中的一个手柄,而不影响另一个手柄的位置。按住 Alt 键,拖拽路径中的线段,可以对路径进行复制。

使用"钢笔"工具在图像中绘制四边形路径,如图 3-10 所示。选择"转换点"工具,将鼠标光标放置在四边形左上角的锚点上,单击锚点并将其向右上方拖拽形成曲线锚点,如图 3-11 所示。使用相同的方法将三角形右上角的锚点转换为曲线锚点,如图 3-12 所示。

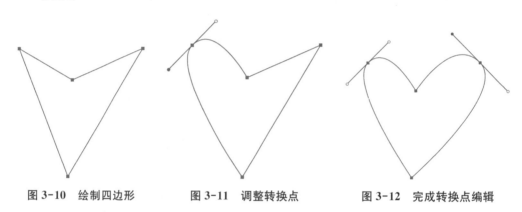

图 3-10　绘制四边形　　　图 3-11　调整转换点　　　图 3-12　完成转换点编辑

(二) 形状工具

Photoshop 中的形状工具有矩形工具、圆角矩形工具、椭圆工具、多边形工具、直线工具、自定形状工具等。使用这些工具可以绘制出各种常见的矢量图形。下面结合实际应用介绍几种常用的形状工具的使用方法。

1. "矩形"工具

选择"矩形"工具,或反复按 Shift＋U 组合键切换至"矩形",其属性栏如图 3-13 所示。

图 3-13　矩形属性栏

选择工具模式:用于选择创建路径形状、工作路径或填充区域。

填充/描边:用于设置矩形的填充色、描边色、描边宽度和描边类型。

W/H:用于设置矩形的宽度和高度。

对齐边缘:用于设定边缘是否对齐。

在图像中绘制矩形,效果如图 3-14 所示。

图 3-14　绘制矩形

2. "圆角矩形"工具

选择"圆角矩形"工具,或反复按 Shift+U 组合键切换至"圆角矩形",其属性栏如图 3-15 所示。圆角矩形属性栏中的内容与矩形属性栏的选项内容类似,只增加了"半径"选项,用于设定圆角矩形的圆角半径,数值越大圆角越平滑。在图像中绘制圆角矩形,效果如图 3-16 所示。

图 3-15　圆角矩形属性栏

图 3-16　绘制圆角矩形

3. "椭圆"工具

选择"椭圆"工具,或反复按 Shift+U 组合键切换至"椭圆",其属性栏如图 3-17 所示。在图像中绘制圆角矩形,效果如图 3-18 所示。

图 3-17　椭圆属性栏

图 3-18　绘制椭圆

4. "多边形"工具

选择"多边形"工具,或反复按 Shift＋U 组合键切换至"多边形",其属性栏如图 3-19 所示。属性栏中的内容与矩形属性栏的选项内容类似,只增加了"边"选项,用于设定多边形的边数。在图像中绘制多边形,效果如图 3-20 所示。

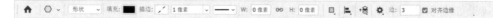

图 3-19　多边形属性栏

图 3-20　绘制多边形

5. "直线"工具

选择"直线"工具,或反复按 Shift＋U 组合键切换至"直线",其属性栏如图 3-21 所示。属性栏中的内容与矩形属性栏的选项内容类似,只增加了"粗细"选项,用于设定直线的宽度。在图像中绘制直线,效果如图 3-22 所示。

| ♠ | ✏ ∨ | 形状 ∨ | 填充:■ 描边:✏ 1像素 ∨ |━━━∨| W: 0像素 ∞ H: 0像素 | ⊡ ⊫ ⁺⊡ | ⚙ | 粗细:1像素 | ☑对齐边缘 |

图 3-21　直线属性栏

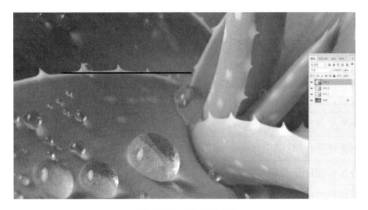

图 3-22　绘制直线

6. "自定形状"工具

选择"自定形状"工具，或反复按 Shift＋U 组合键切换至"自定形状"，其属性栏如图 3-23 所示。属性栏中的内容与矩形属性栏的选项内容类似，只增加了"形状"选项，用于选择所需的形状。单击"形状"选项右侧的按钮，弹出图 3-24 所示的形状选择面板，面板中存储了可供选择的各种不规则形状。

图 3-23　自定形状属性栏

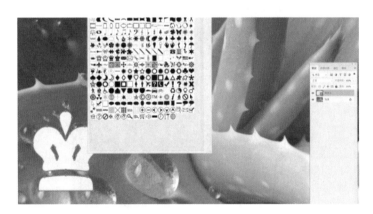

图 3-24　自定形状选择面板

三、任务总结

本任务主要对 Photoshop 的形状工具的使用方法进行了学习。形状工具是 Photoshop 软件中使用率非常高的工具，用于对设计要素进行造型编辑、造型绘制以及不规则图形选择。学生要对形状工具的使用方法进行全面的掌握，能够根据需要选择不同的工具进行图像选取。

四、学生自评

<table>
<tr><td colspan="4">路径与形状工具评价表</td></tr>
<tr><td>序号</td><td>鉴定评分点</td><td>分值</td><td>评分</td></tr>
<tr><td>1</td><td>能够根据画面和设计需求进行路径操作、形状编辑绘制</td><td>15</td><td></td></tr>
<tr><td>2</td><td>具备钢笔工具绘图的操作能力</td><td>15</td><td></td></tr>
<tr><td>3</td><td>具备创建新路径、存储工作路径、删除路径、编辑路径的操作能力</td><td>15</td><td></td></tr>
<tr><td>4</td><td>能够根据画面进行自定形状绘制</td><td>30</td><td></td></tr>
<tr><td>5</td><td>掌握自定形状的编辑方法</td><td>25</td><td></td></tr>
<tr><td>6</td><td>整体掌握程度　　非常好□　较好□　一般□　较差□　其他□</td><td colspan="2"></td></tr>
<tr><td colspan="4">评价意见：</td></tr>
</table>

课后巩固与拓展

根据所学内容绘制如图 3-25 所示路径。

图 3-25　路径绘制练习

学习活动 3 图像色彩处理

教学目标

知识目标	能力目标	素质目标
掌握色阶、曲线、亮度/对比度、变化、色彩平衡、色相/饱和度、暗调/高光、匹配颜色、色调均化、去色、反相、阈值等图像色彩处理命令；对图像进行熟练的色彩调节	具备图像色调、色相、对比度等的调节和优化能力；具备根据设计需要对图像色彩整体把控和调整的能力	培养爱岗敬业精神和职业道德意识；培养精益求精的工匠精神；培养对色彩的感知；培养美学意识

任务描述

图像色彩处理主要是针对图像的色相、色差、明暗度、色阶、饱和度、色彩平衡等进行处理。处理前后图像会发生很大的变化,这就要求学生在学习的时候除了掌握色彩的基本原理,还要对画面有整体把控。在整个学习活动过程中,教师会对这些影响图像色彩的因素进行详细的讲解,学生要在学习中记好笔记,掌握好知识点。

课前自学

1. 学前发布处理前后的图像,让学生仔细观察,找出处理前后图像的不同点和创新点;

2. 学生自行搜集黑白图像、单色图像、怀旧图像、高饱和图像,用美术的色彩基础原理进行分析;

3. 将所学的色彩知识进行归纳和总结,了解亮度、色相、饱和度、对比度、邻近色、同类色、对比色、互补色、间色、复色等基本概念;

4. 将初步自学过程进行记录,将遇到的问题特别是操作上的困难整理好,以便课上详细听老师讲解。

任务实施

一、明确工作任务

1. 掌握基本的颜色设置方法,能够前景背景颜色互换,能够对拾色器、颜色库、颜色面板、色板面板、吸管工具、颜色取样器等工具熟练操作;

2. 能够按要求对图像进行调整,掌握色阶、曲线、自动调整、亮度/对比度、变化、色

彩平衡、色相/饱和度、暗调/高光、匹配颜色、色调均化、去色、反相、阈值、色调分离、渐变映射、通道混合器、替换颜色等图像色彩处理命令。

二、完成工作任务

（一）颜色调整

1. "亮度/对比度"命令

在菜单栏执行"图像/调整/亮度/对比度"命令，弹出"亮度/对比度"对话框，如图 3-26 所示。在对话框中，可以通过拖拽"亮度"和"对比度"滑块来调整图像的亮度和对比度。单击"确定"按钮，图像效果前后对比如图 3-27 所示。"亮度/对比度"命令调整的是整个图像的色彩。

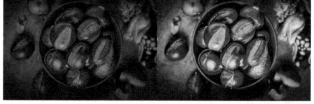

图 3-26　"亮度/对比度"对话框　　　　图 3-27　亮度前后对比

2. "色阶"命令

利用"色阶"命令可以调整图像的明暗度、中间色和对比度。该命令是图像调整过程中使用最为频繁的命令之一。在菜单栏执行"图像/调整/色阶"命令，弹出如图 3-28 所示的对话框。通过调整色阶，可以使画面对比更强，效果如图 3-29 所示。

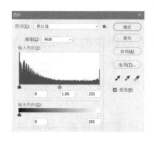

图 3-28　"色阶"对话框　　　　图 3-29　色阶调整前后对比

"色阶"对话框中各参数的含义如下。

通道：在该下拉列表中可以选择要调整的通道。在调整不同颜色模式的图像时，该下拉列表中的选项也不尽相同。例如，在 RGB 模式的图像中，该下拉列表中显示"RGB""红""绿"和"蓝"4 个选项；而在灰度模式下，由于此时只有一个"灰色"通道，所以该下拉列表将不再提供任何选项。

输入色阶：分别拖动"输入色阶"直方图下面的黑、灰、白滑块或在"输入色阶"数值框中输入数值，可以对应地改变图像的暗调、中间调或高光，从而增加图像的对比度。向左拖动白色滑块或灰色滑块，可以加亮图像；向右拖动黑色滑块或灰色滑块，可以使图像变暗。

输出色阶:可以通过输入数值或拖拽三角滑块来控制图像的亮度范围。左侧数值框和黑色滑块用于调整图像的最暗像素的亮度。右侧数值框和白色滑块用于调整图像的最亮像素的亮度。调整"输出色阶"的 2 个滑块后,图像将产生不同色彩效果。拖动"输出色阶"下面的控制条上的滑块或在"输出色阶"数值框中输入数值,可以重新定义暗调和高光值,以降低图像的对比度。其中向右拖动黑色滑块,可以降低图像暗部对比度从而使图像变亮;向左拖动白色滑块,可以降低图像亮部对比度从而使图像变暗。

存储预设/载入预设:单击"预设"右侧的按钮,选择"存储预设"命令,可以将当前对话框的设置保存为一个 *.alv 文件,在以后的工作中如果遇到需要进行同样设置的图像,可以选择"载入预设"命令,调出该文件,以自动调整对话框的设置。

自动:单击"自动"按钮,Photoshop 将自动调整图像,其实质是 Photoshop 以 0.5% 的比例调整图像的亮度,将图像中最亮的像素变成白色,将最暗的像素变成黑色,使图像中的亮度分布更均匀,消除图像不正常的亮部与暗部像素。

3. "曲线"命令

"曲线"命令可以调整图像的整个色调范围内的点。最初,图像的色调在图形上表现为一条直的对角线。在调整 RGB 图像时,图形右上角区域代表高光,左下角区域代表阴影。图形的水平轴表示输入色阶(初始图像值);垂直轴表示输出色阶(调整后的新值)。在向线条添加控制点并移动它们时,曲线的形状会发生改变,反映出图像调整。曲线中较陡的部分表示对比度较高的区域;曲线中较平的部分表示对比度较低的区域。

执行"图像/调整/曲线"菜单命令,弹出"曲线"对话框,如图 3-30 所示。通过调整曲线,可以使画面有明显的变化,如图 3-31 所示。

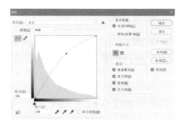

图 3-30 "曲线"对话框

图 3-31 曲线调整前后对比

4. "曝光度"命令

"曝光度"命令可以对前期曝光度不足的图像进行弥补,通过对"曝光度""位移"和"灰度"进行调整,达到增加或者降低曝光度的效果。在菜单栏中执行"图像/调整/曝光度"命令,在弹出的"曝光度"对话框中进行参数设置,如图 3-32 所示,调整后的画面如图 3-33 所示。

5. "自然饱和度"命令

"自然饱和度"命令可以增加或者降低图像的饱和度,以便在颜色接近最大饱和度时最大限度地减少修剪。在进行人像处理时,使用"自然饱和度"命令可以防止过度饱和造成的溢色。在菜单栏中执行"图像/调整/自然饱和度"命令,打开"自然饱和度"对

话框,如图 3-34 所示,在"自然饱和度"和"饱和度"数值框中输入数值或拖动滑块进行调整,然后单击"确定"按钮,效果对比如图 3-35 所示。

图 3-32 "曝光度"对话框

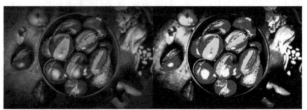

图 3-33 曝光度调整前后对比

图 3-34 "自然饱和度"对话框

图 3-35 饱和度调整前后对比

6. "色相/饱和度"命令

"色相/饱和度"命令有三个用途:调整色相、饱和度和明度(亮度),去除颜色,以及为黑白图像上色。在菜单栏中执行"图像/调整/色相饱和度"命令,弹出如图 3-36 所示对话框,拖动滑块进行调整,然后单击"确定"按钮,效果对比如图 3-37 所示。

下面对"色相/饱和度"对话框中各主要参数进行详细介绍。

预设:下拉列表中提供了大量的预设方案,用户可以根据需求选择预设选项。

全图:单击下拉按钮,在下拉列表中可以选择颜色调整的范围。

色相:通过在数值框输入数值或者拖动滑块对色相进行调整,数值越大,色相效果越明显,数值越小,色相效果越弱。

饱和度:通过在数值框输入数值或者拖动滑块对饱和度进行调整,数值越大,饱和度越高,数值越小,饱和度越低。

明度:通过在数值框中输入数值或者拖动滑块对明度进行调整,数值越大,明度越高,数值越小,明度越低。

图 3-36 "色相饱和度"对话框

图 3-37 色相/饱和度调整前后对比

7."色彩平衡"命令

"色彩平衡"是功能较少,但操作直观方便的色彩调整工具。"色彩平衡"命令用于调整图像整体色彩平衡,改变彩色图像中颜色的组成。它只作用于复合颜色通道,在彩色图像中改变颜色的混合。若图像有明显的偏色,可用此命令进行纠正。该命令的快捷键为 Ctrl+B。执行菜单栏"图像/调整/色彩平衡"命令,打开"色彩平衡"对话框,如图 3-38 所示,调整色彩平衡滑块,前后对比如图 3-39 所示。

该命令的相关参数如下。

调节不同颜色的色阶可以调节色彩平衡,在数字框输入数值即可调整 RGB 到 CMYK 色彩模式之间对应的色彩变化,3 个数字框对应 3 个滑杆,取值为－100～100。从 3 个色彩平衡滑杆中可以看到色彩原理中的反转色:红色对青色,绿色对洋红,蓝色对黄色。属于反转色的两种颜色不可能同时增加或减少。用于色调平衡设置的,有"阴影""中间调""高光"3 个单选按钮。选中某一项就可对相应色调的像素进行调整。每个色调可以独立保持明度,在更改颜色时保持色调平衡。它的作用是在三基色增加时降低亮度,在三基色减少时提高亮度,从而抵消三基色增加或减少时带来的亮度改变。

图 3-38　"色彩平衡"对话框

图 3-39　色彩平衡调整前后对比

8."黑白"命令

Photoshop 的"黑白"命令可以将彩色图片变为黑白图片,同时根据图片中的颜色调节图片的明暗。"黑白"命令的快捷键是 Alt+Ctrl+Shift+B。在菜单栏执行"图像/调整/黑白"命令,打开"黑白"对话框,如图 3-40 所示,调整色彩平衡滑块,前后对比如图 3-41 所示。

图 3-40　"黑白"对话框

图 3-41　色彩调整前后对比

9."照片滤镜"命令

"照片滤镜"命令可以模拟通过色彩校正滤镜拍摄照片的效果。该命令还允许选择预设的颜色或者自定义的颜色向图像应用色相调整。使用照片滤镜命令可以模仿在相机的镜头前面加彩色滤镜，以便调整通过镜头传输的光的色彩平衡和色温。在菜单栏执行"图像/调整/照片滤镜"命令，弹出"照片滤镜"对话框，如图 3-42 所示，调整照片滤镜前后对比如图 3-43 所示。

图 3-42　"照片滤镜"对话框

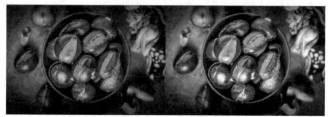

图 3-43　照片滤镜调整前后对比

10. "通道混合器"命令

"通道混合器"命令主要用来混合当前颜色通道中的像素与其他颜色通道中的像素，以此来改变主通道的颜色，创造其他颜色调整工具不易实现的效果。利用"通道混合器"命令可以使用当前颜色通道混合修改颜色。在菜单栏执行"图像/调整/通道混合器"命令，弹出"通道混合器"对话框，如图 3-44 所示，调整通道混合器前后对比如图 3-45 所示。

图 3-44　"通道混合器"对话框

图 3-45　通道混合器调整前后对比

11. "反相"命令

"反相"主要是针对颜色色相的操作，通俗地讲就是将黑的变白的，将白的变黑的。"反相"命令的快捷键是 Ctrl+I。在菜单栏执行"图像/调整/反相"命令，调整反相前后对比如图 3-46 所示。

图 3-46　反相调整前后对比

12. "色调分离"命令

"色调分离"命令可以让用户指定图像中每个通道的色阶(或亮度值)数目,将这些像素映射为最接近的匹配色调。"色调分离"命令与"阈值"命令很相似,"阈值"命令在任何情况下都只考虑两种色调,而"色调分离"可以指定 2~255 之间的值。执行"图像/调整/色调分离"菜单栏命令,弹出"色调分离"对话框,如图 3-47 所示。"色阶"值越小,图像色彩变化越大;"色阶"值越大,色彩变化越小。色阶调整前后对比如图 3-48 所示。

图 3-47　"色调分离"对话框

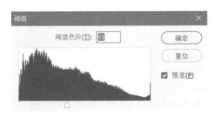

图 3-48　色阶调整前后对比

13. "阈值"命令

使用"阈值"命令可将一个彩色图像或灰度图像转换成只有黑白两种色调的高对比度的黑白图像。其原理是:"阈值"命令会根据图像像素的亮度值把它们一分为二,一部分用黑色表示,另一部分用白色表示。其黑白像素的分配由"阈值"对话框中的"阈值色阶"数值框来指定,如图 3-49 所示,其变化范围在 1~255。"阈值色阶"的值越大,黑色像素分布越广;反之,"阈值色阶"值越小,白色像素分布越广。调整阈值色阶前后对比如图 3-50 所示。

图 3-49　"阈值"对话框

图 3-50　阈值色阶调整前后对比

14. "可选颜色"命令

与其他颜色校正工具相同,"可选颜色"命令可以校正不平衡问题和调整颜色。执行"图像/调整/可选颜色"菜单命令,弹出"可选颜色"对话框,如图 3-51 所示。可以在"颜色"下拉列表中设置颜色,用户可以有针对性地选择红色、黄色、绿色、青色、蓝色、洋红、白色、中性色和黑色。调整可选颜色前后对比如图 3-52 所示。

相对:调整的数值以 CMYK 四色总数的百分比来计算。例如,一个像素占有青色的百分比为 50%,再加上 10% 后,其总数就等于原有数值 50% 再加上 10%×50%,即为 50%+10%×50%=55%。

绝对:以绝对值调整颜色。例如,一个像素占有青色的百分比为 50%,再加上 10% 后,其总数就等于原有数值 50% 再加上 10%,即 50%+10%=60%。

图 3-51 "可选颜色"对话框 　　　　图 3-52 　可选颜色调整前后对比

（二）图像色彩自动调整

自动调整图像颜色功能包括自动色调、自动对比度和自动颜色三种，提供给对 Photoshop 中调整图像颜色命令不熟悉的初学者使用，也适用于一些改动不大的图像的色彩调整。使用这些自动图像调整命令，可以快速完成对图像色彩的调整。

（1）"自动对比度"命令

"自动对比度"命令可以自动调整图像色彩的对比度，调整后高光区域变亮，阴影区域会变暗。在菜单栏中执行"图像/自动对比度"命令或按下 Ctrl＋Shift＋Alt＋L 组合键，可以对图像的对比度进行自动调整。

（2）"自动色调"命令

"自动色调"命令可以对图像的色调进行自动调整。系统将以 0.10％的色调来对图像进行加亮或变暗。选择"图像/自动色调"命令或按 Shift＋Ctrl＋L 组合键，可以对图像的色调进行自动调整。

（3）"自动颜色"命令

"自动颜色"命令可以对图像的色彩进行自动调整。选择"图像/自动颜色"命令或按 Shift＋Ctrl＋B 组合键，可以对图像的色彩进行自动调整。

（三）上机实训练习

1. 房地产海报设计

步骤一：新建一个画布，创建一个线性渐变效果，颜色设置为♯61bad3 和 ♯007c8e，如图 3-53 所示。

步骤二：拖拽两个花卉素材，分别将素材放置在画布的左右两边，调整大小和位置关系，如图 3-54 所示。

图 3-53 　创建渐变 　　　　　　　图 3-54 　增加素材

步骤三：双击素材图层，给素材增加投影效果，设置混合模式为正片叠底，颜色为

#007c8e,不透明度为100,角度为120,距离为50,扩展为0,大小为67,如图3-55、图3-56所示。

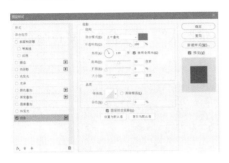

图 3-55　投影素材

图 3-56　增加投影后效果

　　步骤四:输入文字"仅余88席城市藏品 欲购从速",调整字体和文字的大小、颜色。把"88"调大,改变颜色和字体,然后使用多边形工具在文字两边增加对称的树叶形状作为装饰,如图3-57所示。

　　步骤五:接着输入文字,作为广告的内容。根据内容把文字分成三组,每组文字并不是一个单独的图层,根据画面需要及时地调整文字的大小、字体和颜色,再使用形状工具,给内容文字增加线条和其他装饰,这样内容文字就显得很精致,如图3-58所示。

图 3-57　输入文字

图 3-58　文字分组

　　步骤六:接着在画布最底端输入电话和地址。一般情况下,电话、地址字体大小要比正文内容还要醒目,这是根据传播需求决定的。再在左上角增加 Logo。如图3-59所示。

　　步骤七:输入广告标题,制作出金属效果(具体制作步骤在图层样式中讲述),如图3-60所示。

图 3-59　输入其他文字

图 3-60　输入广告标题

2.插画设计

步骤一:新建一个 20 cm×20 cm,分辨率为 300 的画布,填充颜色♯b3d7dd,如图 3-61 所示。

步骤二:新建图层,将前景色调成白色,选择"自定形状"工具中的"草 3"在画布中创造图形,如图 3-62 所示。

图 3-61　新建画布

图 3-62　创建自定形状图形

步骤三:回到"路径"面板中,选择路径图层单击鼠标右键,将路径转为选区,将羽化值设为 0,参数设置如图 3-63 所示。

步骤四:选择"从选区中减去",把"草 3"图形在一个图层的四片叶子分别放置在四个图层,如图 3-64 所示。

图 3-63　将路径转为选区

图 3-64　分图层

步骤五:选择一片叶子,按 Ctrl+T 键,将其变形成细长的形状,如图 3-65 所示。

步骤六:接下来将其他的叶子也进行变形处理。调整叶子的大小和位置,再重复复制这些叶子,使整个画面尽可能有疏密变化和常断变化,这样显得层次更加丰富,如图 3-66 所示。

步骤七:选择椭圆形状,再画布上绘制若干个大大小小的白色圆形,如图 3-67 所示。

步骤八:选择"自定形状"工具,选择"花 6"形状,同样,将形状改为选区,填充黄色♯ffd200,然后执行"编辑/描边"命令,将颜色改为白色,数值设为 10,这样一朵黄色的花朵就出现了,如图 3-68 所示。

图 3-65　叶子变形

图 3-66　复制排列叶子

图 3-67　绘制圆形

图 3-68　添加花朵

　　步骤九:此时的花朵显得很单薄,层次也不够丰富。可以利用"自定形状"工具再次增加其他形状的花瓣。当然也可以用"钢笔"工具进行自主的编辑,如图 3-69 所示。

　　步骤十:接下来进行其他花朵的编辑与绘制。调整花朵的颜色、大小及位置,这样整个画面就丰富起来了,如图 3-70 所示。

图 3-69　丰富花朵

图 3-70　添加其他花朵

　　步骤十一:给每朵花的图层增加图层样式,增加投影效果,如图 3-71 所示。

　　步骤十二:使用圆角矩形工具绘制一个圆角矩形。将路径转为选区,填充白色,把图层不透明度降低,如图 3-72 所示。

图 3-71　增加投影　　　　　　　　图 3-72　绘制矩形

步骤十三：输入文字"花开时节"，双击文字图层，在弹出的"图层样式"对话框中增加浮雕、渐变叠加和投影效果，如图 3-73 所示。

步骤十四：选择"自定形状"工具，选择"叶型装饰 2"，同样转换成选区，填充颜色♯b3d7dd。双击文字图层，在弹出的"图层样式"对话框中增加浮雕效果、投影效果。最终效果如图 3-74 所示。

图 3-73　添加文字　　　　　　　　图 3-74　最终效果

3. 打造个性化图片

效果如图 3-75 所示。

图 3-75　打造个性化图片

步骤一：打开一张需要修改的图片，如图 3-76 所示。按 Ctrl+J 键复制新图层，点击"通道"面板，选择绿色通道，然后按 Ctrl+A 键全选，按 Ctrl+C 键复制，点蓝色通道按 Ctrl+V 键粘贴，回到"图层"面板，效果如图 3-77 所示。

图 3-76　打开原图　　　　　　　　　　图 3-77　复制通道

步骤二：创建调整图层，选择曲线，分别对红、绿、蓝进行调整，参数设置如图 3-78 至图 3-80 所示。调整后的图片效果如图 3-81 所示。

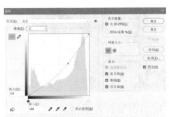

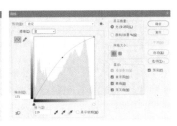

图 3-78　调整曲线红　　　　图 3-79　调整曲线绿　　　　图 3-80　调整曲线蓝

步骤三：按"确定"后再对图层进行"色相/饱和度"调整。"色相/饱和度"参数设置如图 3-82 所示。调整色相饱和度之后的效果如图 3-83 所示。

图 3-81　调整"红、绿、蓝"后的图片效果　　　　图 3-82　色相/饱和度设置

步骤四：新建一个图层，将图层填充颜色 5078a5，然后把图层混合模式改为"滤色"，图层不透明度改为 25，效果如图 3-84 所示。

图 3-83　调整色相/饱和度后的图片效果

图 3-84　增加图层后效果(一)

步骤五：新建一个图层，使用渐变工具绘制如图 3-85 所示渐变图层，然后把图层混合模式改为"颜色加深"，图层不透明度改为 45。效果如图 3-86 所示。

图 3-85　绘制渐变图层

图 3-86　增加图层后效果(二)

步骤六：新建一个图层，按 Ctrl＋Shift＋Alt＋E 键盖印图层，然后执行菜单栏"滤镜/模糊/高斯模糊"命令，数值为 4，确定后把图层混合模式改为"柔光"，效果如图 3-87 所示。

步骤七：合并所有图层，选用减淡和加深工具整体调一下对比度，适当地锐化一下，再把细节修饰一下完成最终效果，如图 3-88 所示。

图 3-87　模糊后效果

图 3-88　最终效果

三、任务总结

本任务主要对 Photoshop 文字工具、形状编辑工具以及常用的色彩调整的使用方法进行了学习。文字工具在 Photoshop 中使用频率较高,常用到横排竖排、蒙版、字间距、行间距、字号、颜色、大小写等编辑;形状工具主要是针对对象进行形状的编辑,在一定程度上就是造型工具,用来编辑和选择复杂的不规则的图形。色彩调整的方法很多,常用的是"亮度/对比度""色阶""曲线""自然饱和度""色相/饱和度""色彩平衡"这几个命令,在学习时要加强训练。

四、学生自评

\multicolumn{4}{c}{图像色彩处理评价表}
序号	鉴定评分点	分值	评分
1	具备对"亮度/对比度"命令、"色阶"命令的使用能力,可以对图形图像进行调整	15	
2	具备对"曲线"命令、"曝光度"命令的使用能力,可以对图形图像进行调整	15	
3	具备对"自然饱和度"命令、"色相/饱和度"命令的使用能力,可以对图形图像进行调整	15	
4	具备对"色彩平衡"命令、"黑白"命令、"照片滤镜"命令的使用能力,可以对图形图像进行调整	15	
5	具备对"通道混合器"命令、"反相"命令的使用能力,可以对图形图像进行调整	15	
6	具备对"色调分离"命令、"阈值"命令的使用能力,可以对图形图像进行调整	15	
7	具备对"可选颜色"命令的使用能力,可以对图形图像进行调整	10	
8	整体掌握程度 非常好□ 较好□ 一般□ 较差□ 其他□		
评价意见:			

课后巩固与拓展

1. 选择题

(1)"自动颜色"命令的快捷键是(   )

A. Ctrl+Shift+Alt+L　　　　　　B. Shift+Ctrl+L

C. Shift+Ctrl+B　　　　　　D. Shift+Alt+B

（2）在"曲线"调整中,初始图像的色调在图形上表现为一条直的对角线。在调整 RGB 图像时,图形右上角区域代表高光,左下角区域代表(　　)。

A. 明度　　　　　　B. 纯度　　　　　　C. 阴影　　　　　　D. 色相

（3）"曝光度"命令可以对前期曝光度不足的图像进行弥补,通过对"曝光度""位移"和(　　)进行调整,达到增加或者减少曝光度的效果。

A. 灰度　　　　　　B. 纯度　　　　　　C. 饱和度　　　　　D. 敏感度

（4）"色相/饱和度"命令有 3 个用途:调整色相、(　　),去除颜色。

A. 明暗度　　　　　B. 色彩纯度　　　　C. 色彩冷暖　　　　D. 饱和度和明度

2. 判断题

（1）"色彩平衡"命令用于调整图像整体色彩平衡,不改变彩色图像中颜色的组成。

(　　)

（2）黑白命令可以将黑色图片变为彩色图片,同时根据图片中的颜色调节图片的明暗。

(　　)

（3）利用"色阶"命令不但可以调整图像的明暗度、中间色和对比度,同时还能调节图像的色相。

(　　)

3. 操作题

根据本学习活动内容,进行如图 3-89 所示图像的修改练习。

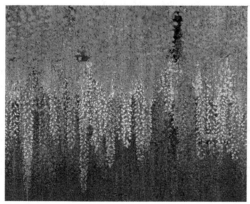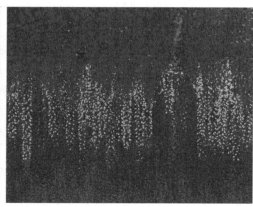

图 3-89　练习调整前后

模块四 图像通道与滤镜

 学习目标

学习目标通过 2 个情景学习活动实现。

学习活动 1:图像通道的处理——掌握图像通道的基本操作。

学习活动 2:图像的滤镜效果——掌握滤镜的基本使用方法。

 建议学时

12 学时。

 学习情景描述

该模块包含了图像通道的处理和图像的滤镜效果。通道,在 RGB 色彩模式下就是指单独的红色、绿色、蓝色,一幅完整的图像,是由红色、绿色、蓝色三个通道组成的。滤镜通常需要同通道、图层等联合使用,才能取得最佳艺术效果。

学习活动 1　图像通道的处理

教学目标

知识目标	能力目标	素质目标
掌握通道的功能及分类；掌握通道的基本操作；掌握蒙版与选区的保存与载入	能够掌握内建通道、Alpha通道、专色通道等操作；掌握新建通道、复制通道、删除通道、分离通道、合并通道的操作；具备蒙版与选区保存、选区载入、图像混合计算的综合操作能力	培养爱岗敬业的精神和职业道德意识；培养精益求精的工匠精神；培养对软件操作的科学严谨态度；培养作图过程中的逻辑性和条理性

任务描述

通道可以建立精确的选区。运用蒙版和选区或是滤镜功能可建立头发丝这样精确的区域代表选择区域的部分，可以存储选区和载入选区备用。图像抠图也能用到通道，即可以制作其他软件需要导入的"透明背景图片"。精确的图像颜色信息，有利于调整图像颜色。不同的通道都可以用 256 级灰度来表示不同的亮度。CMYK 图像文件可以把其四个通道拆开分别保存成四个黑白文件，而后同时打开它们时按 CMYK 的顺序再放入通道中就又可恢复成 CMYK 原文件了。在此学习活动过程中，学生需要记大量的笔记和进行大量的实际操作。

课前自学

1. 了解什么是通道，Photoshop 常用的通道有哪几种；
2. 了解通道的功能是什么；
3. 搜集火焰、水、烟雾等图像，尝试用抠图更换取背景颜色；
4. 将初步自学过程进行记录，将遇到的问题特别是操作上的困难整理好，以便课上详细听教师讲解。

任务实施

一、明确工作任务

1. 熟练操作图像通道；
2. 掌握图像通道、蒙版与选区的使用。

二、完成工作任务

(一) 图像通道的基本操作

1. 通道的功能及分类

通道是图像文件的一种颜色数据信息的储存形式,它与 Photoshop 图像文件的颜色模式密切相关。每个图像文件都有不同的通道,多个分色通道叠加在一起,就可以组成一幅具有颜色层次的图像。每个图像都有一个或多个颜色通道。图像中默认的颜色通道取决于其颜色模式,即一个图像的颜色模式决定其颜色通道的数量。例如,CMYK 图像默认有五个通道,分别为 CMYK、青色、洋红、黄色和黑色;RGB 图像默认有四个通道,分别为 RGB、红、绿和蓝;LAB 图像默认四个通道,分别为 Lab、明度、a 和 b。位图、灰度、双色调和索引颜色图像在默认情况下只有一个通道。

一般来说,通道可以分为以下三种类型:

(1) 内建通道

通道最主要的功能是保存图像的颜色数据。例如一个 RGB 模式的图像,其每一个像素的颜色数据是由红色、绿色、蓝色这 3 个通道记录的,而这 3 个颜色通道组合后合成 RGB 主通道,因此,改变红、绿、蓝各通道之一的颜色数据,都会马上反映到 RGB 主通道中,如图 4-1 所示。在 CMYK 模式的图像中,分别由青色、洋红、黄色和黑色 4 个单独的通道组合成 CMYK 的主通道,这 4 个通道相当于 4 色印刷中的四色胶片,即 CMYK 图像在彩色输出时可进行分色打印,将 CMYK 4 通道的数据分别输出成为青色、洋红、黄色和黑色 4 张胶片。在印刷时将这 4 张胶片叠合,即可印刷出色彩斑斓的图像。

图 4-1　RGB 模式通道

(2) Alpha 通道

Alpha 通道是计算机图形学中的术语,指的是特别的通道。有时,它特指透明信息,但通常的意思是"非彩色"通道。这是用户真正需要了解的通道,可以说在 Photoshop 中制作出的各种特殊效果都离不开 Alpha 通道,它最基本的用处在于保存选区范围,并不会影响图像的显示和印刷效果。当图像输出到视频,Alpha 通道也可以用来决定显示区域,如图 4-2 所示。

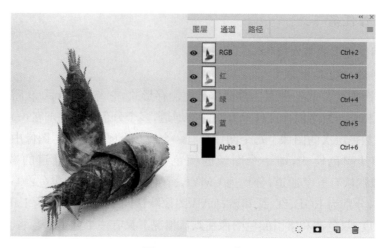

图 4-2　Alpha 通道

（3）专色通道（Spot Channel）

Photoshop 中除了可以新建 Alpha 通道外，还可以新建专色通道。专色是特殊的预混油墨，用来替代或补充印刷色（CMYK）油墨。每种专色在印刷时要求专用的印版。也就是说，当一个包含有专色通道的图像进行打印输出时，这个专色通道会成为单独的页被打印出来。

要建立专色通道，首先选择"通道"面板菜单中的"新专色通道"命令，或按住 Ctrl 键单击"创建新通道"，弹出"新建专色通道"对话框，在"名称"文本框中设置新专色通道的名称；在"油墨特性"选项组中，单击"颜色"框，弹出"选择专色"对话框，选择油墨的颜色，该颜色将在打印图像时起作用，在"密度"文本框中可以输入 0%～100%的数值来确定油墨的密度；设置后，单击"确定"按钮，完成创建专色通道，如图 4-3 所示。

图 4-3　"新建专色通道"对话框

2. 通道的基本操作

在对通道进行操作时，可以对各原色通道进行亮度和对比度的调整，甚至可以单独为单一原色通道选择滤镜功能。如果在"通道"面板中建立了 Alpha 通道，则可以在该通道中编辑一个具有较多变化的蒙版，再由蒙版转换到选区范围应用的图像画布中。

（1）新建通道

在"通道"面板中选择"创建通道"命令，弹出如图 4-4 所示对话框，按照需要修改各选项后单击"确定"按钮，即可新建一个通道。

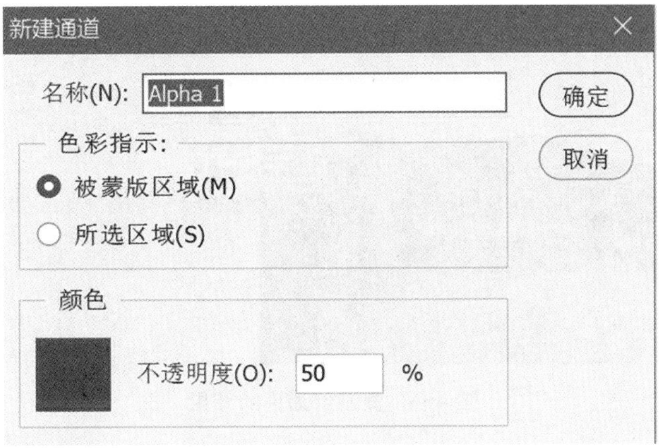

图 4-4　"新建通道"对话框

在"名称"文本框中设置新通道的名称。在默认情况下,Photoshop 自动命名为 Alpha 1、Alpha 2,依此类推。

被蒙版区域:新建的通道中有颜色的区域代表被遮盖的范围,而没有颜色的区域为选区范围。

所选区域:新建的通道中没有颜色的区域代表被遮盖的范围,而有颜色的区域则为选区范围。

单击"颜色"框,弹出"选择通道颜色"对话框,可以从中选择用于显示通道的颜色。默认情况下,该颜色为半透明的红色,在颜色框右边有一个"不透明度"文本框,用来设置蒙版颜色的不透明度。当新通道建立后,在"通道"面板中将增加这个新通道,并且该通道会自动设为作用通道。

(2) 复制通道

保存了一个选区范围后对该选区范围进行编辑时,通常要先将其通道的内容复制后再编辑,以免编辑后不能还原。复制通道的操作很简单,先选中要复制的通道,在"通道"面板中选择"复制通道"命令,弹出"复制通道"对话框,如图 4-5 所示。

图 4-5　"复制通道"对话框

将红色通道复制,将通道前眼睛都点亮,因为原图像增加了红色通道,所以整体显得红了,如图 4-6 所示。

图 4-6　复制红通道的结果

（3）删除通道

为节省硬盘的存储空间，提高程序运行速度，可以将没有用的通道删除。方法是将要删除的通道拖动到"删除当前通道"按钮上；或者在选择通道后，选择"通道"面板中的"删除通道"命令。

（4）分离通道

使用"通道"面板中的"分离通道"命令可以将一幅图像中的各个通道分离出来成为单独的文件。如果要执行该命令，图像必须是只含有一个背景图层的图像。

（二）蒙版与选区的保存与载入

1. 蒙版

蒙版是一种特殊的选区，它的目的不是对选区进行操作，而是要保护选区不被操作。不处于蒙版范围的地方则可以进行编辑与处理。

蒙版虽然是选区，但它跟常规的选区不同。常规的选区表现了一种操作趋向，即将对所选区域进行处理；而蒙版却相反，它是对所选区域进行保护，让其免于操作，而对非掩盖的地方应用操作。

快速蒙版模式使用户可以将任何选区作为蒙版进行编辑，而无需使用"通道"面板，在查看图像时也可如此。将选区作为蒙版来编辑的优点是几乎可以使用任何Photoshop 工具或滤镜修改蒙版。如图 4-7 所示，从选中区域开始，使用快速蒙版模式

图 4-7　蒙版

在该区域中创建蒙版。另外,也可完全在快速蒙版模式中创建蒙版。受保护区域和未受保护区域以不同颜色进行区分。当退出快速蒙版模式时,未受保护区域成为选区。

在快速蒙版状态下使用橡皮擦工具对蒙版的范围进行擦除,然后再回到标准模式下,其选取发生了变化,如图 4-8 所示。

图 4-8 "橡皮擦"使用后的效果

（1）选区的保存

有时候用户使用 Photoshop 精心抠出来的图像选区需要多次使用,就可以将选区保存起来,以方便使用。存储的选区会随着文件一直保存,使用时载入即可。打开菜单栏"选择/存储选区"命令,显示如图 4-9 所示的"存储选区"对话框。

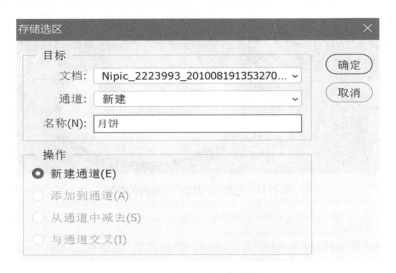

图 4-9 "存储选区"对话框

文档:有文档名称选项可选,一般默认为当前文档。

通道:默认为新建,文档中如果已经有另外的通道,则可以选择其他通道。

名称:用来给新建的通道命名。

操作:先使用"快速选择工具"将月饼选出来,然后单击"选择/存储选区",弹出"存储选区"对话框,"通道"文本框改为"月饼",点击"确定"按钮,如图 4-10 所示。

图 4-10　选区被存储在"月饼"通道中

已经有保存好的通道("月饼"通道)时,在选择另一个"月饼"通道保存选区时,点击对话框中的通道则"操作"选项变成如图 4-11 所示的状态。

图 4-11　已经有"月饼"通道时的存储

（2）选区的载入

单击菜单栏"选择/载入选区"命令,弹出"载入选区"对话框,如图 4-12 所示。

提示:

　　切换到"通道"面板,按下 Ctrl 键,再单击需要的通道,如"月饼",就可以载入选区了。同样,如果在载入选区之前,画布中已经有选区了,可以使用 Photoshop 载入选区相关的快捷键来载入。Ctrl＋点击,载入选区;Ctrl＋Shift＋点击,加选;Ctrl＋Alt＋点击,减选;Ctrl＋Shift＋Alt＋点击,与选区交叉。

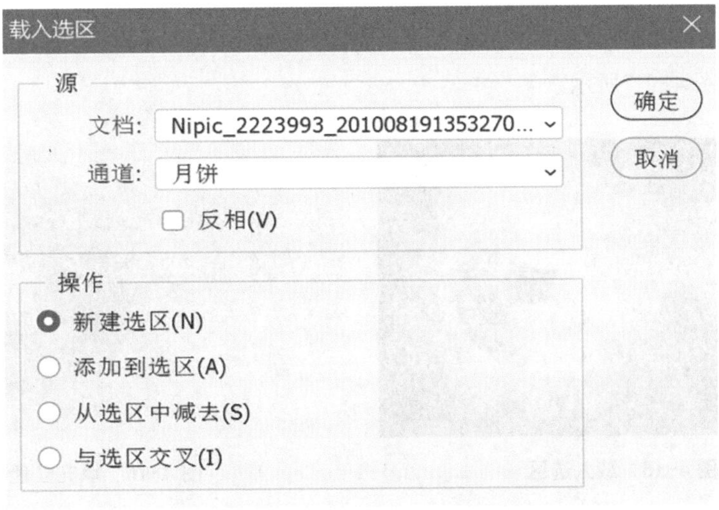

图 4-12　"载入选区"对话框

2. 图像合成

(1) 应用图像

"应用图像"命令可以将一个图像的内容放置到另一个图像文件中,也可以将图像放置到指定的通道中,从而产生许许多多的合成效果。在进行通道计算时,首先需在此对话框中的"源"选项组中设定源文件和相对应的图层、通道,再在"混合"选项组中设定通道合成的模式、不透明度等。

(2) 计算

执行菜单栏"图像/计算"命令,可以将同一图像或不同图像中的两个独立通道进行合成,并利用合成后的结果创建一个新的通道。这样往往能创建比较特别的选区范围。"计算"命令的功能与"应用图像"基本相同,只不过"计算"命令的应用对象除了图像之外,还可以在两个待合成的通道之间合成。

(三)上机实训练习——利用通道抠取火焰图像

步骤一:打开一个火焰的素材,如图 4-13 所示。进入"通道"面板,把红、绿、蓝三个通道各分别复制一遍,出现"红拷贝""绿拷贝"和"蓝拷贝"通道,如图 4-14 所示。

图 4-13　打开文件

图 4-14　复制通道

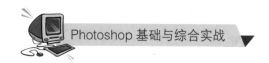

步骤二:按住 Ctrl 键,用鼠标右击红色通道副本,载入选区,如图 4-15 所示。

步骤三:回到"图层"面板,新建一个图层命名为"红色",在选区填充颜色:R:255,G:0,B:0,如图 4-16 所示。

图 4-15 载入选区

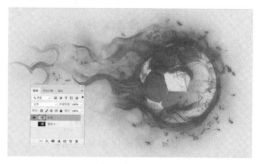
图 4-16 填充红色

步骤四:然后将绿、蓝两个通道和载入红光选区道理一样,图层"绿色"填充颜色:R:0,G:255,B:0;图层"蓝色"添加颜色:R:0,G:0,B:255,如图 4-17 所示。

步骤五:图层"蓝色"混合模式改为"滤色",效果如图 4-18 所示。

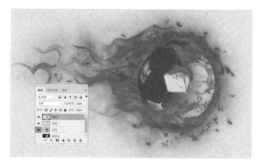
图 4-17 填充绿色和蓝色

图 4-18 更改图层"蓝色"混合模式

步骤六:图层"绿色"混合模式改为"滤色",如图 4-19 所示。

步骤七:图层"红色"混合模式不变,然后按 Ctrl+E 键合并这三个图层,最后加上自己喜欢的背景,调整对比度和饱和度,完成最终效果,如图 4-20 所示。

图 4-19 更改图层"绿色"混合模式

图 4-20 合并图层

三、任务总结

通道这个概念对很多人来说还很陌生,真正懂得通道的人并不多。对精通其的设计师来说,它是件秘密武器,对初学者而言则是一头雾水。简单概括,通道就是选区记录和保存信息的载体,通道的本质就是灰度图像,所以调整图像过程就是对通道的编辑过程,使用其他工具调整图像的过程实质上是改变通道的过程。换一种通俗的说法,就是可以通过调整通道来达到图像处理的目的。只有通过实践才能更深刻地了解通道的本质。

四、学生自评

图像通道的处理评价表			
序号	鉴定评分点	分值	评分
1	能够掌握内建通道、Alpha 通道、专色通道等操作	10	
2	掌握新建通道、复制通道、删除通道、分离通道、合并通道的操作	20	
3	具备蒙版与选区保存、选区载入、图像混合计算的综合操作能力	10	
4	能够熟练操作通道的使用方法,能够精确进行抠图	30	
5	掌握蒙版的综合使用方法	30	
6	整体掌握程度　　非常好□　　较好□　　一般□　　较差□　　其他□		
评价意见:			

课后巩固与拓展

打开两张不同的图片,利用颜色模式菜单命令、图像大小命令和裁切工具将这两张图片统一成相同像素尺寸和颜色模式的图片,如图 4-21 所示。

图 4-21　素材

学习活动 2　图像的滤镜效果

教学目标

知识目标	能力目标	素质目标
掌握滤镜的基本使用方法； 掌握使用滤镜需要注意的事项	具备能够根据画面和设计需求对 3D、风格化、模糊、模糊画廊、扭曲、锐化、视频、像素化、渲染、杂色、其它滤镜操作的能力； 具备自适应广角、Camera Raw、镜头校正、液化等滤镜的操作能力	培养爱岗敬业的精神和职业道德意识； 培养精益求精的工匠精神； 培养对软件操作的科学严谨态度； 培养作图过程中的逻辑性和条理性

任务描述

所谓滤镜是指以特定的方式修改图像文件的像素特性的工具。就摄影时使用的过滤镜头，能使图像产生特殊的效果。Photoshop 中的滤镜种类丰富，功能强大。在处理图像时使用滤镜效果，为图像加入各类纹理、变形、艺术风格和光线等特效。

课前自学

1. 学前在菜单栏中找到"滤镜"菜单，在其下拉菜单中了解滤镜的种类以及大体效果；

2. 了解隐藏滤镜中的滤镜效果之间的对比，在滤镜参数变化状态下的图形变化形式和效果；

3. 网络学习外挂滤镜有哪些，如何添加；

4. 将初步自学过程进行记录，将遇到的问题特别是操作上的困难整理好，以便课上详细听教师讲解。

任务实施

一、明确工作任务

熟练使用滤镜工具。

二、完成工作任务

（一）认识滤镜

滤镜原本为一种摄影器材，一般置于摄像头的前面，用于改变图像的色温或者产生

微课视频
——滤镜
效果

118

特殊的视觉效果,图 4-22 是拍摄的原图。图 4-23 是使用柔光滤镜拍摄出来的效果,这一效果可以在 Photoshop 中使用模糊滤镜表现。Photoshop 的滤镜就如同摄影师在照相机镜头前安装的各种特殊镜头一样,可以在很大程度上丰富图像的效果。

图 4-22　原图　　　　　　　　　　　　　　图 4-23　模糊滤镜图

　　滤镜是通过操纵图像的像素,即改变图像中像素的颜色或者位置来实现特效的。图 4-24 为原图效果。使用"玻璃"滤镜后像素明显发生了变化,如图 4-25 所示。

图 4-24　原图　　　　　　　　　　　　　　图 4-25　"玻璃"滤镜图

（二）滤镜的使用

　　滤镜在使用时对图层有严格的要求,选中的图层必须是可见的,并且很多滤镜是不能批量化处理图像的,只能独立地处理当前选中的图层。因为滤镜是通过修改图像中的像素参数来达到不同效果的,因此相同的图像不同的像素分辨率,应用同样的滤镜处理后的效果是不一样的。

　　1. 特殊滤镜

　　滤镜的种类非常多,Photoshop 将一部分特殊的滤境进行独立分组,下面将对这些特殊滤镜的应用进行学习。

　　（1）滤镜库

　　滤镜库虽然存放在"滤镜"菜单中,但它并不是滤镜,而是一个综合滤镜的地方。在"图层"面板中选择需要添加滤镜的图层,然后在菜单栏中执行"滤镜/滤镜库"命令,如图 4-26 所示。滤镜库中包括风格化、画笔描边、扭曲等滤镜组(后面会详细讲解滤镜组),当选择某个滤镜后,会在对话框中对该滤镜的相关参数进行详细介绍。

如图 4-27 所示。

图 4-26 "滤镜"菜单

图 4-27 滤镜库

（2）"自适应广角"滤镜

"自适应广角"滤镜一般用于处理一些全景图片或者是使用鱼眼镜头拍摄的照片。需使用"自适应广角"滤镜对因拍摄造成的图像变形进行修正。在菜单栏中执行"滤镜/自适应广角"命令，如图 4-28 所示，会弹出"自适应广角"对话框，然后对相关参数进行设置，如图 4-29 所示。

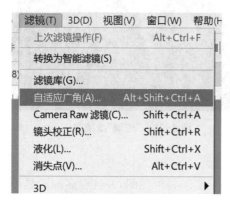

图 4-28 自适应广角

图 4-29 "自适应广角"对话框

（3）Camera Raw 滤镜

Raw 文件一般是未经压缩处理的原始图像，Camera Raw 滤镜一般用于处理 Raw 文件。在菜单栏中执行"滤镜/Camera Raw 滤镜"命令，如图 4-30 所示，然后在弹出的"Camera Raw"对话框中进行参数设置，如图 4-31 所示。

（4）"镜头校正"滤镜

在 Photoshop 中，"镜头校正"滤镜是一个独立的滤镜，可用于修复常见的镜头瑕疵，如桶形和枕形、失真、晕影等。在菜单栏中执行"滤镜/镜头校正"命令，如图 4-32 所示，在弹出"镜头校正"对话框中，切换到"自定"选项卡下进行相关参数的设置后单击"确定"按纽，如图 4-33 所示。

图 4-30　Camera Raw 滤镜　　　　图 4-31　"Camera Raw 滤镜"对话框

图 4-32　镜头校正　　　　图 4-33　"镜头校正"对话框

（5）"液化"滤镜

"液化"滤镜对调整人像的胖瘦、脸型以及腿形等非常有效，而且调整后的效果非常自然。使用"液化"滤镜对人物进行处理时，需要准确地设置变形效果。在菜单栏中执行"滤镜/液化"命令，如图 4-34 所示，然后在弹出的"液化"对话框中使用"脸部工具"对人物的脸型进行处理，如图 4-35 所示。

图 4-34　液化　　　　图 4-35　"液化"对话框

图 4-36 渲染

2. 滤镜组

滤镜组是将功能类似的滤镜归类编组。Photoshop 中有许多滤镜组，每个滤镜组下包含了多个滤镜，每个滤镜效果各不相同。滤镜组包括 3D、风格化、模糊、模糊画廊、像素化和渲染等，如图 4-36 所示。

（1）"风格化"滤镜组

"风格化"滤镜组可以置换像素、查找，并增加图像的对比度，制作出绘画和印象派风格化艺术效果。其中包括"查找边缘""等高线""风""浮雕效果""扩散""拼贴""曝光过度""凸出"和"油画"9 种滤镜。

"拼贴"滤镜可以将图像分成块状并使其偏离原本的位置。在菜单栏中执行"滤镜/风格化/拼贴"命令，如图 4-37 所示，在弹出的"拼贴"对话框中进行参教设置，如图 4-38 所示。

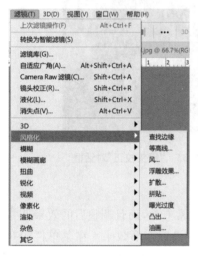

图 4-37 风格化

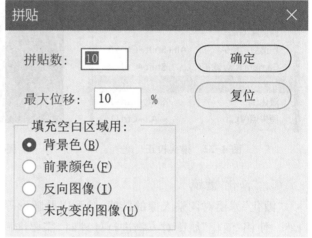

图 4-38 "拼贴"对话框

在"拼贴"对话框中，"拼贴数"用于设置瓷砖的块数，"最大位移"用于设置瓷砖之间的空间，在"填充空白区域用"选项区域中选择瓷砖之间的颜色处理方法。为图像应用"拼贴"滤镜后，查看与原图像的对比效果，如图 4-39、图 4-40 所示。

（2）"画笔描边"滤镜组

"画笔描边"滤镜组中的滤镜可以模拟出不同画笔和油墨笔刷勾画图像，从而产生各种绘画效果。"画笔描边"滤镜组中包含"成角的线条""墨水轮廓""喷溅""喷色描边""强化的边缘""深色线条""烟灰墨"和"阴影线"8 个滤镜。其中，有的滤镜可以通过油墨效果和画笔勾画图像生成绘画效果，有的滤镜可以为图像添加颗粒、纹理等效果。

"墨水轮廓"滤镜是"画笔描边"滤镜组中较为典型的滤镜，又称为"彩色速写"滤镜。在菜单栏中执行"滤镜/滤镜库"命令，打开"滤镜库"对话框，选择"画笔描边/墨水轮廓"滤镜，如图 4-41 所示。

图 4-39 原图

图 4-40 "拼贴"滤镜修改后

图 4-41 "墨水轮廓"对话框

在"墨水轮廓"对话框中,"描边长度"用于调整画笔的长度;"深色强度"的值越大,阴影部分越大,画笔越深;"光照强度"的值越大,高光区域越大。图像应用"墨水轮廓"滤镜后,查看与原图像的对比效果,如图 4-42、图 4-43 所示。

图 4-42 原图

图 4-43 "墨水轮廓"滤镜修改后

（3）"模糊"滤镜组

"模糊"滤镜组中的滤镜可以对图像中相邻像素之间的对比度进行柔化、削弱,使图像产生柔和、模糊的效果。其中包括"表面模糊""动感模糊""方框模糊""高斯模糊""进一步模糊""径向模糊""镜头模糊""模糊""平均""特殊模糊"和"形状模糊"11 个滤镜。

"高斯模糊"滤镜是"模糊"滤镜组中较为典型的滤镜。在菜单栏中执行"滤镜/模糊/高斯模式"命令,如图 4-44 所示,在弹出的"高斯模糊"对话框中进行参数设置,如图 4-45 所示。

图 4-44 模糊

图 4-45 "高斯模糊"对话框

"高斯模糊"滤镜是通过设置半径值来设置模糊效果。在"高斯模糊"对话框中,"半径"值越大,模糊效果越强烈,"半径"值范围为 0.1～250。为图像应用"高斯模糊"滤镜后,查看与原图像的对比效果,如图 4-46、图 4-47 所示。

图 4-46 原图

图 4-47 "高斯模糊"滤镜修改后

（4）"扭曲"滤镜组

"扭曲"滤镜组中的滤镜可以对图像进行扭曲,创建 3D 或其他变形效果。其中包括"波浪""波纹""玻璃""海洋波纹""极坐标""挤压""扩散亮光""切变""水波""球面化""旋转扭曲""置换"12 个滤镜。

"玻璃"滤镜可以模拟透过玻璃观看图像的效果。在菜单栏中执行"滤镜/滤镜库"命令,在弹出的对话框中选择"扭曲/玻璃"滤镜,然后对"玻璃"滤镜的参数进行设置,如图4-48所示。

图4-48 玻璃滤镜

图像应用"玻璃"滤镜后,查看与原图像的对比效果,如图4-49、图4-50所示。

图4-49 原图   图4-50 玻璃滤镜修改后

（5）"锐化"滤镜组

"锐化"滤镜组中的滤镜可以通过增强相邻像素间的对比度来聚焦模糊的图像,使图像变得清晰,与"模糊"滤镜组功能相反。该滤镜组中包括"USM锐化""防抖""进一步锐化""锐化""锐化边缘""智能锐化"6个滤镜。

"USM锐化"滤镜用于调整图像的像素边缘对比度,使画面更加清晰。在菜单栏中执行"滤镜/锐化/USM锐化"命令,如图4-51所示,在弹出的"USM锐化"对话框中进行参数设置,如图4-52所示。

图像应用"USM锐化"滤镜后,查看与原图像的对比效果,如图4-53、图4-54所示。

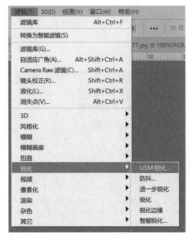

图 4-51　锐化

图 4-52　"USM 锐化"对话框

图 4-53　原图

图 4-54　"USM 锐化"滤镜修改后

（6）"视频"滤镜组

"视频"滤镜组中的滤镜是通过对从设备中提取的图像进行扫描的方式，使图像可以被视频设备接受。"视频"滤镜组中只有"NTSC 颜色"和"逐行"两个滤镜。

（7）"纹理"滤镜组

"纹理"滤镜组中的滤镜主要用于生成具有纹理效果的图案，为图像添加纹理质感，一般用于模拟一些具有深度感的物体外观。"纹理"滤镜组中包括"龟裂缝""颗粒""马赛克拼贴""拼缀图""染色玻璃"和"纹理化"6 种滤镜。

"龟裂缝"滤镜可以使图像表现出带有龟裂缝的材质效果。在菜单栏中执行"滤镜/滤镜库"命令，在弹出的对话框中选择"纹理/龟裂缝"滤镜，然后设置相关参数，如图4-55 所示。

图像应用"龟裂缝"滤镜后，查看与原图的对比效果，如图 4-56、图 4-57 所示。

（8）"素描"滤镜组

"素描"滤镜组中的滤镜是通过模拟手绘、素描和速写等艺术手法来使图像产生不

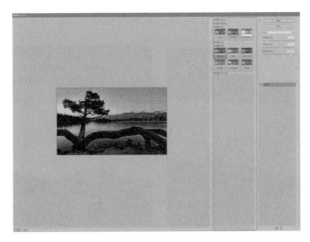

图 4-55　"龟裂缝对话框"

图 4-56　原图

图 4-57　"龟裂缝"滤镜修改后

同的艺术效果。"素描"滤镜组中包括"半调图案""便条纸""粉笔和炭笔""铬黄渐变""绘图笔""基底凸显""石膏效果""水彩画纸"和"撕边"等 14 种滤镜。

　　"水彩画纸"滤镜利用有污点的、像画在潮湿的纤维纸上的涂抹,使颜色流动并混合。在菜单栏中执行"滤镜/滤镜库"命令,在弹出的对话框中选择"素描/水彩画纸"滤镜,然后设置相关参数,如图 4-58 所示。

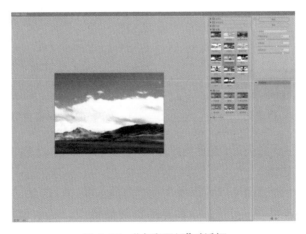

图 4-58　"水彩画纸"对话框

图像应用"水彩画纸"滤镜后，查看与原图的对比效果，如图 4-59、图 4-60 所示。

图 4-59　原图　　　　　　　　　图 4-60　"水彩画纸"修改后

（9）"像素化"滤镜组

"像素化"滤镜组中的滤镜是通过使单元格中颜色相似的像素结成块来对一个选区做清晰的定义，可以制作如彩块、点状、晶格和马赛克等特殊效果。"像素化"滤镜组中包括"彩块化""彩色半调""点状化""晶格化""马赛克""碎片"和"铜版雕刻"7 种滤镜。

"马赛克"滤镜一般用于在图像上制作朦胧的空间效果。在菜单栏中执行"滤镜/像素化/马赛克"命令，如图 4-61 所示，在弹出的"马赛克"对话框中进行参数设置，如图4-62所示。

图 4-61　像素化　　　　　　　　　图 4-62　"马赛克"对话框

图像应用"马赛克"滤镜后，查看与原图的对比效果，如图 4-63、图 4-64 所示。

（10）"渲染"滤镜组

"渲染"滤镜组中的滤镜可以在图像中创建灯光效果、3D 形状、云彩图案、折射图案或者模拟的光反射效果，是一个十分重要的特效滤镜组。其中包括"火焰""图片框""树""分层云彩""纤维""光照效果""镜头光晕"和"云彩"8 种滤镜。

图 4-63　原图

图 4-64　"马赛克"滤镜修改后

　　"树"滤镜是 Photoshop CC 新增的滤镜功能。在菜单栏中执行"滤镜/渲染/树"命令，在弹出的"树"对话框中进行参数设置，如图 4-65 所示。

图 4-65　"树"对话框

　　图像应用"树"滤镜后，查看与原图的对比效果，如图 4-66、图 4-67 所示。

图 4-66　原图

图 4-67　"树"滤镜修改后

（11）"艺术效果"滤镜组

"艺术效果"滤镜组主要用于为美术或者商业项目制作绘画效果或艺术效果。该滤镜组中包括"壁画""彩色铅笔""粗糙蜡笔""干画笔""海报边缘""绘画涂抹""木刻""塑料包装"和"调色刀"等滤镜。

"塑料包装"滤镜可以产生塑料薄膜封包的效果，模拟出的塑料薄膜沿着图像的轮廓线分布，从而令整幅图像具有鲜明的立体质感。在菜单栏中执行"滤镜/滤镜库"命令，在弹出的对话框中选择"艺术效果/塑料包装"滤镜，然后设置相关参数，如图4-68所示。

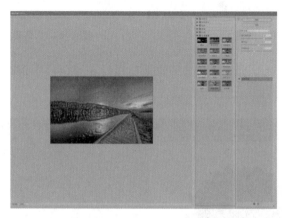

图4-68 "塑料包装"对话框

图像应用"塑料包装"滤镜后，查看与原图的对比效果，如图4-69、图4-70所示。

图4-69 原图

图4-70 "塑料包装"滤镜修改后

（12）"杂色"滤镜组

"杂色"滤镜组可以为图像添加或去除杂色，以及随机添加像素颗粒，从而创建出不同的纹理效果。"杂色"滤镜组中包括"减少杂色""蒙尘与划痕""去斑""添加杂色"和"中间值"5种滤镜。

"添加杂色"滤镜可以为图像添加一些细小的像素颗粒，使其混合到图像里的同时产生色散效果，常用于添加杂点纹理效果。在菜单栏中执行"滤镜/杂色/添加杂色"命令，如图4-71所示，在弹出的"添加杂色"对话框中进行参数设置，如图4-72所示。

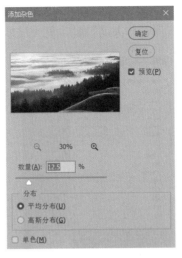

图 4-71　杂色　　　　　　　　　　　　图 4-72　"添加杂色"对话框

图像应用"添加杂色"滤镜后,查看与原图的对比效果,如图 4-73、图 4-74 所示。

图 4-73　原图　　　　　　　　　　　　图 4-74　"添加杂色"滤镜修改后

(13)"其它"滤镜组

"其它"滤镜组中包含"HSB/HSL""自定""高反差保留""位移""最大值"和"最小值"等滤镜,通过该滤镜组用户可以进行自定义滤镜或修改蒙版等操作。

"最大值"滤镜用于向外扩展白色区域并收缩黑色区域。在菜单栏中执行"滤镜/其它/最大值"命令,如图 4-75 所示,在弹出的"最大值"对话框中进行参数设置,如图 4-76 所示。

图像应用"最大值"滤镜后,查看与原图的对比效果,如图 4-77、图 4-78 所示。

<blockquote>

知识延伸: 智能滤镜和普通滤镜的区别

智能滤镜是 Photoshop 中比较实用的功能,是从 Photoshop CS3 版本开始出现的功能,是一种非破坏性的滤镜。普通的滤镜是通过修改图像的像素来呈现特效,智能滤镜也可以呈现不同的特效,但不会改变原图像的像素。

</blockquote>

在 Photoshop 中,选中需要应用普通滤镜的图层,图像的原始效果如图 4-79 所示。打开"滤镜库"对话框,选择"艺术效果/调色刀"滤镜,然后设置"调色刀"滤镜的参数,单

击"确定"按钮应用该滤镜,效果如图 4-80 所示。在"图层"面板中可见图像被修改了,
如果执行"保存并关闭"操作,就无法恢复原图像了。

图 4-75 其它

图 4-76 "最大值"对话框

图 4-77 原图

图 4-78 "最大值"滤镜修改后

图 4-79 原图

图 4-80 修改后

　　智能滤镜是将滤镜效果应用在智能对象上,不会修改图像的原始数据。选中需要
应用滤镜的图层,执行"滤镜/转换为智能滤镜"命令,在弹出的对话框中单击"确定"按
钮即可将背景图层转换为智能对象,在图层右下角有智能对象的标志,如图 4-81 所示。
按照同样的方法应用"调色刀"滤镜效果,如图 4-82 所示。使用智能滤镜应用"调色刀"

滤镜的效果和普通滤镜的效果一样。在"图层"面板中可见"调色刀"滤镜应用在图层下方的智能滤镜层上，不会改变原图像的像素。

图 4-81　智能滤镜　　　　　　　　　图 4-82　调色刀滤镜

应用智能滤镜后，如果不再需要该特效，用户可以将其删除。打开 图层"面板，将需要删除的智能滤镜拖拽至面板下方的"删除图层"按钮上。如果需要删除应用在智能对象上的所有滤镜，则选中该智能对象后，执行"图层/智能滤镜/清除智能滤镜"命令。

（三）上机实训练习——制作水墨画效果

步骤一：执行菜单栏"文件/打开"命令，将素材 1.jpg 打开，如图 4-83 所示。接着执行菜单栏"文件/置入嵌入对象"命令"，将素材 2.jpg 置入画面中，调整大小放在画面中间位置并将该图层进行栅格化处理，如图 4-84 所示。

图 4-83　画框素材　　　　　　　　　图 4-84　水墨画素材

步骤二：执行菜单栏"滤镜/滤镜库"命令，在弹出的窗口中单击"艺术效果"列表，在下拉列表中选择"水彩"选项，设置"画笔细节"为 8、"纹理"为 1。设置完成后单击"确定"按钮完成操作，如图 4-85 所示。

步骤三：此时画面颜色偏暗，需要调节阴影与高光。执行菜单栏"图像/调整/阴影/高光"命令，在弹出的"阴影/高光"对话框中设置"阴影"数量为 100％，如图 4-86 所示。

步骤四：将素材进行去色处理。执行菜单栏"图层/新建调整图层/黑白"命令，在"属性"面板中设置"红色"为 40，"黄色"为 60，"绿色"为 40，"青色"为 60，"蓝色"为 20。设置完成后单击面板底部的"此调整剪切到此图层"按钮，使调整效果只针对下方图层。如图 4-87 所示。

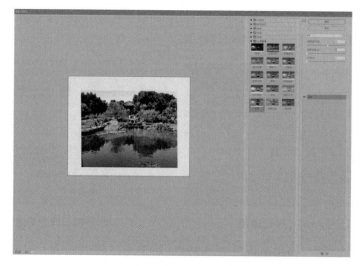

图 4-85　水彩滤镜

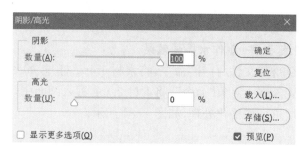

图 4-86　调整阴影

步骤五：画面颜色偏暗，需要提高亮度。执行菜单栏"图层/新建调整图层/曲线"命令，在"属性"面板中对曲线进行调整。操作完成后单击面板底部的"此调整剪切到此图层"按钮，使调整效果只针对下方图层，如图 4-88 所示。

图 4-87　属性调整

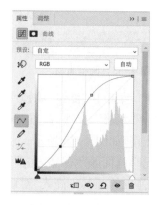

图 4-88　曲线调整

步骤六：执行菜单栏"文件/置入嵌入对象"命令，将文字素材置入画面中，调整大小放在画面的右上角位置，效果图 4-89 所示。

图 4-89　完成图

三、任务总结

滤镜的操作是非常简单的,但是真正用起来却很难恰到好处。滤镜通常需要同通道、图层等联合使用,才能取得最佳艺术效果。如果想在最适当的时候应用滤镜到最适当的位置,除了美术功底之外,还需要学生对滤镜熟悉,并具备一定的操控能力,甚至需要具有丰富的想象力。这样,才能有的放矢地应用滤镜,发挥出学生的艺术才华。

四、学生自评

	图像的滤镜效果评价表		
序号	鉴定评分点	分值	评分
1	能够根据画面和设计需求对 3D、风格化、模糊、模糊画廊、扭曲、锐化、视频、像素化、渲染、杂色、其它等滤镜操作	30	
2	具备自适应广角、Camera Raw、镜头校正、液化等滤镜的操作能力	20	
3	能够使用滤镜效果制作出模糊图片	10	
4	能够使用滤镜效果制作出光照图片	10	
5	能够使用滤镜效果制作出风格化图片	10	
6	能够使用滤镜效果制作出水彩画图片	10	
7	能够使用滤镜效果制作出版画效果图片	10	
8	整体掌握程度　　非常好□　较好□　一般□　较差□　其他□		
评价意见:			

课后巩固与拓展

1. 选择题

（1）在 Photoshop 中执行"滤镜/自适应广角"命令或按下（　　）组合键，可打开"自适应广角"对话框，对图像的变形效果进行修正。

A. Alt＋Shift＋Ctrl＋A
B. Shift＋Ctrl＋A
C. Alt＋Shift＋A
D. Ctrl＋Alt＋A

（2）（　　）滤镜可以通过勾画图像或选区的轮廓和降低周围色值，生成凸起或凹陷的效果。

A. 等高线
B. 拼贴
C. 浮雕
D. 查找边线

（3）在 Photoshop 中，"高斯模糊"滤镜属于（　　）滤镜组。

A. 扭曲
B. 模糊画底
C. 画笔描边
D. 模糊

（4）（　　）滤镜对调整人像的胖瘦、脸型以及腿形等非常有用，而且调整后的效果非常自然。

A. 镜头校正
B. 锐化边线
C. 液化
D. 去斑

2. 填空题

（1）在 Photoshop 中，_____滤镜可以在保留边缘的同时对图像进行模糊。

（2）_____滤镜可以对因为广角镜头拍摄而造成的图像变形进行修正。

（3）在使用"光照效果"滤镜处理图像时，Photoshop 提供了 3 种光源，分别为_____、_____和_____。

（4）删除应用在智能对象上的所有滤镜，选中该智能对象，然后执行_____命令。

3. 上机练习题

通过本学习活动，结合图 4-90 练习滤镜的综合运用。

图 4-90　练习图

模块五　实战操作与综合训练

学习目标

此模块学习目标为完成四个实战项目。

实战项目1:打造图像处理——此实战项目涉及图像合成、滤镜、蒙版、样式、色彩校正、动作调板、路径工具、图层调板、通道使用等图像处理功能,可以根据图像意境的需要调整图像的色调。

实战项目2:文字特效——艺术文字设计是在基本字形的基础上进行装饰、变化、加工而成的。它的特征是在一定程度上摆脱了印刷字体的字形和笔划约束,根据品牌或企业经营性质的需要进行设计,达到加强文字的精神含义和富于感染力的目的。运用夸张、明暗、增减笔画形象、装饰等手法,以丰富的想象力,重新构成字形,既加强文字的特征,又丰富了字体的内涵。

实战项目3:广告设计——平面广告在近年来越来越受到人们的重视,究其原因之一是平面广告自身所固有的艺术审美倾向。广告海报通过明确直白的意向可以有效地传播商业、文化、娱乐等信息,对提升影响起了积极效果。Photoshop作为电脑辅助工具,可以利用添加、删减、修改、美化等方法对平面广告进行设计。

实战项目4:界面UI设计——当接到设计任务后,怎样开始设计界面图标呢?首先应该根据项目需求,确定图标的风格;其次要看懂界面需求,对每个功能图标的定义要非常清楚,否则设计的结果将导致用户难以理解,理解功能需求后,要收集很多关于"词语-图形"之间能转化的元素,用生活中的物或其他视觉产品来代替所要表达的功能信息或操作提示。

建议学时

32学时。

学习情景描述

此模块是对整个Photoshop的综合运用,也是全综合的实战训练。在图像处理、文字特效、广告设计、界面UI设计四个实战项目中,安排了十个实战案例,每个案例都有详细步骤,学生在学习过程中可以按照步骤进行制作;同时,还安排了相对应的练习题供课后巩固。学生在学习过程中要树立设计师的概念,学会举一反三,能够根据实战案例制作其他相关的效果。

实战项目1 图像处理

教学目标

知识目标	能力目标	素质目标
掌握调整图像色彩的常用方法； 掌握对照片进行老化破旧处理的方法和步骤； 掌握方块拼图的制作方法	具备非主流色调调试的图像处理能力； 具备打造老旧发黄图像的能力； 具备制作出方块拼图图像的能力； 具备根据画面需要创作HDR高清图像的能力	培养学生爱岗敬业的精神和职业道德意识； 培养学生精益求精的工匠精神； 培养学生对软件操作的科学严谨态度； 培养学生在作图过程中的逻辑性和条理性； 增强学生的设计师使命感和社会责任感

任务描述

此次学习涉及图像合成、滤镜、蒙版、样式、色彩校正、动作面板、路径工具、图层面板、通道等图像处理功能，可以根据图像意境的需要调整图像的色调等。整个项目分成打造发黄老照片、可爱的方块拼贴图、利用 Photoshop 自带的 HDR 功能打造高清的静物图片三个实战任务，完成学习之后学生可以对照片进行个性化定制创作。

课前自学

1. 用手机美图秀秀等修图软件进行照片修改，再结合 Photoshop 进行对比分析，考虑为什么影楼的照片处理用的是 Photoshop 而不是美图秀秀；

2. 准备好相应的照片，尝试对照片进行个性化修改；

3. 考虑照片修改会用到哪些工具和命令；

4. 将初步自学过程进行记录，特别是将遇到的问题和操作上的困难整理好，以便课上详细听老师讲解。

任务实施

一、明确工作任务

实战一：打造发黄老照片

实战二：可爱的方块拼贴图

实战三：利用 Photoshop 自带的 HDR 功能打造高清的静物图片

二、完成工作任务

（一）实战一：打造发黄老照片

1. 设计效果

对比效果如图 5-1 所示。

图 5-1 新旧图片对比

2. 操作步骤

步骤一：在 Photoshop 中打开原始的图像，执行"滤镜/模糊/表面模糊"命令，设置参数。

步骤二：执行"图像/调整/渐变映射"命令，设置参数，如图 5-2 所示。

图 5-2 "渐变映射"设置

步骤三：执行"图像/调整/色阶"命令，设置参数，如图 5-3 所示。

步骤四：执行"图像/调整/曲线"命令，设置参数，如图 5-4 所示。

步骤五：执行"图像/调整/照片滤镜"命令，设置参数，如图 5-5 所示。

步骤六：找到图像的中心，使用选区工具创建一个圆形选区，执行"选择/修改/羽化"命令，设置参数，如图 5-6 所示。

图5-3 "色阶"设置

图5-4 "曲线"设置

图5-5 "照片滤镜"设置

图 5-6 "羽化选区"设置

步骤七：选择"反向"，执行"滤镜/模糊/镜头模糊"命令，设置参数，如图 5-7 所示。

图 5-7 "镜头模糊"设置

步骤八：执行"滤镜/杂色/添加杂色"命令，设置参数，如图 5-8 所示。

图 5-8 "添加杂色"设置

步骤九:复制背景图层,对它应用颗粒滤镜。执行"滤镜/滤镜库/纹理/颗粒"命令,如图 5-9 所示。

图 5-9 "颗粒滤镜"设置

步骤十:应用叠加的混合模式,不透明度设为 50%,如图 5-10 所示。

图 5-10 图层混合模式

步骤十一:打开一纹理素材,如图 5-11 所示。

图 5-11 纹理素材

步骤十二：在纹理图层上应用"柔光"的混合模式，不透明度设为 80%，如图 5-12 所示。

图 5-12　图层混合模式

步骤十三：合并纹理和复制的图层，给图层添加"内发光"效果，如图 5-13 所示。

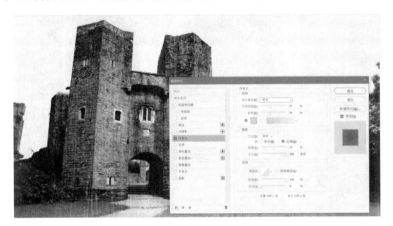

图 5-13　"内发光"设置

步骤十四：调整一下整体的曲线、色阶，最后效果如图 5-14 所示。

图 5-14　完成效果

(二) 实战二:可爱的方块拼贴图

1. 设计效果

对比效果如图 5-15 所示。

图 5-15　方块拼贴图

2. 操作步骤

步骤一:打开需要制作拼图的素材,调出网格,按 Ctrl＋R 键调出标尺,用辅助线把画面平分成若干个小方块,如图 5-16 所示。

步骤二:选择矩形选框工具,框选出小方块的选区,按 Ctrl＋J 键复制到新的图层,得到图层 1,如图 5-17 所示。

步骤三:此时要确保每个选区大小都是一样的,重复以上步骤,将其他选区分别复制,得到更多图层,如图 5-18 所示。

图 5-16　用网格、标尺分割画面

图 5-17　建立选区

步骤四:任选择一图层,执行"编辑/描边"命令将颜色设置为白色,像素设置为 20,轮廓设置为外轮廓,做投影效果,其他层重复此操作,如图 5-19 所示。

图 5-18　得到更多图层

图 5-19　"描边""投影"效果

步骤五：最后将每个图层稍微旋转扭曲，把背景填充淡灰色，最终效果如图 5-20
所示。

图 5-20　完成效果

（三）实战三：利用 Photoshop 自带的 HDR 功能打造高清的静物图片

1. 设计效果

对比效果如图 5-21 所示。

图 5-21　前后对比

2. 操作步骤

步骤一：打开一张美丽的风景图片，执行"图像/调整/HDR 色调"命令，直接调用"逼真照片"特效，如图 5-22 所示。

步骤二：调整饱和度和色相以及对比度，如图 5-23 所示。

图 5-22　"HDR 色调"设置

图 5-23　调整饱和度、色相、对比度

步骤三：最后，执行"滤镜/锐化/USM 锐化"命令，设置参数，如图 5-24 所示。最终完成效果如图 5-25 所示。

图 5-24　"USM 锐化"设置

图 5-25　最终完成效果

三、任务总结

此实战项目是对图像处理的综合运用，涉及 Photoshop 多个工具和多个命令。在学习的时候要树立设计师的概念。如在学习一款软件的应用时，即使对软件的单一工具和单一命令都很熟悉，也不一定能设计或者制作出优秀的作品，需要对软件工具和命令的灵活掌握和配合使用。只有多多实战才能更好地让 Photoshop 这款功能强大的软件为设计服务，设计出优秀的作品来。

四、学生自评

打造图像处理评价表			
序号	鉴定评分点	分值	评分
1	具备非主流色调调试的图像处理能力	25	
2	具备打造老旧发黄图像的能力	25	
3	具备制作出方块拼图图像的能力	25	
4	具备根据画面需要创作 HDR 高清图像的能力	25	
5	整体掌握程度　非常好□　较好□　一般□　较差□　其他□		
评价意见：			

课后巩固与拓展

选择一张图片进行调整，调整前后对比如图 5-26 所示。

图 5-26　调整练习

实战项目 2　文字特效设计

教学目标

知识目标	能力目标	素质目标
掌握创意艺术文字的制作方法； 掌握创意牛皮文字的制作方法	具备对文字装饰、变化再加工的能力； 具备 3D 空间文字设计能力	培养爱岗敬业的精神和职业道德意识； 培养精益求精的工匠精神； 培养对软件操作的科学严谨态度； 培养设计思维、创造思维、发散思维； 培养作图过程中的逻辑性和条理性

任务描述

　　此实战项目涉及字体工具、描边路径、加深减淡、滤镜、图层样式、变换、色相/饱和度、色彩范围等工具。在学习过程中，要熟练地掌握这些工具的切换和对效果的把控，极力做到效果和过程相匹配。整个项目完成学习之后，学生可以对文字进行艺术加工和设计创作。

课前自学

　　1. 从网络上搜集立体字、炫光字、玻璃字、塑料字、木纹字等图片，进行效果分析；

　　2. 复习加深减淡、滤镜、图层样式、变换、色相/饱和度、色彩范围等工具的用法；

　　3. 思考文字创作过程中会用到哪些工具和命令；

　　4. 将初步自学过程进行记录，将遇到的问题特别是操作上的困难整理好，以便课上详细听教师讲解。

任务实施

　　制作文字特效，学生熟悉 Photoshop 文本操作相关内容，了解图层样式的参数设置及效果。学生加深对文字特效构成的认识，了解几种滤镜的作用和效果，进一步掌握图层混合模式相关操作。学生自己练习，提高学生的实践动手能力，发挥自主创新意识，为后面学习新的内容打好基础。

一、明确工作任务

　　实战一：创意艺术文字设计

实战二:创意牛皮文字设计

二、完成工作任务

(一) 实战一:创意艺术文字设计

1. 设计效果

设计效果如图 5-27 所示。

图 5-27 设计效果

2. 操作步骤

步骤一:新建大小为 21 cm×29.7 cm、分辨率为 300 的文件,背景为白色。

步骤二:打开指定的黑色鹅卵石图片,将黑色鹅卵石图片拖拽入新建的画布之中,调整大小,如图 5-28 所示。

图 5-28 新建画布

步骤三:输入文字"秋日你好",具体的参数如图 5-29 所示。

图 5-29　文字输入

步骤四:要让字体看上去像是落叶围成的,就要将落叶添加进来,置入落叶素材。置入后它就变成了智能对象。执行"文件/置入嵌入智能对象"命令,然后改变落叶的大小。给落叶添加图层样式、阴影,字体颜色♯3d2d0b,不透明度 35%,调整距离,使大小适当,如图 5-30 所示。

图 5-30　置入树叶

步骤五:复制落叶的图层样式。置入其他的叶子素材,然后粘贴图层样式。选择移动工具,给自动选择打上勾,然后选择想复制的叶子。复制好每片叶子之后,按 Ctrl＋T 键进入自由变换模式,然后改变其大小、方向还有位置。要事先多准备一些树叶的素材,以方便更好地使用,如图 5-31、图 5-32 所示。

图 5-31　树叶素材

图 5-32　树叶排列

步骤六：花时间摆放好落叶。摆放好落叶后，将所有的落叶建组(Ctrl+G 键)。之后，隐藏之前输入的文字，就可以看见落叶打造的文字了，如图 5-33 所示。

图 5-33　树叶打造的文字

步骤七：打开一张带有肌理的图片，最好选择沙石或者是老旧的肌理，如图5-34所示。

图 5-34　肌理图

步骤八：将肌理图片置入顶层图层，调整好整体大小、尺寸，将图层类型设置成"颜色减淡"，不透明度设置为20%，如图5-35所示。

图 5-35　设置肌理图层

步骤九：在整个图层上方插入图层蒙版，将亮度降低，对比度增高，数值根据画面需要进行设定，如图5-36所示。

图 5-36　添加亮度/对比度蒙版

步骤十：合并所有图层，执行"滤镜/渲染/光照"命令，设置参数，如图 5-37 所示。

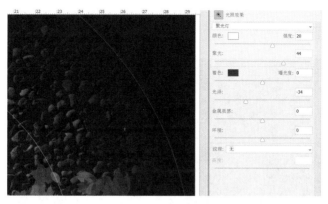

图 5-37 添加光照效果

步骤十一：执行"图像/调整/色彩平衡"命令，根据画面色彩需要进行参数设置，如图 5-38 所示。

图 5-38 色彩平衡调整

这样一个用树叶拼成的艺术文字就完成了，如图 5-39 所示。

图 5-39 最终文字效果

(二) 实战二:创意牛皮文字效果

1. 设计效果

设计效果如图 5-40 所示。

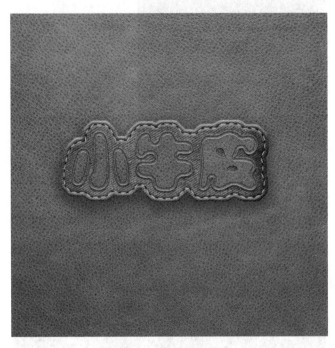

图 5-40　牛皮文字效果

2. 操作步骤

步骤一:新建一个 20 cm×20 cm、分辨率为 300 的文件,背景为白色。

步骤二:打开小牛皮素材和牛仔布素材,如图 5-41、图 5-42 所示。

图 5-41　小牛皮素材　　　　　图 5-42　牛仔布素材

步骤三：输入"胖头鱼简体"文字，大小为 230 左右（大点、字体自由选择），如图 5-43 所示。

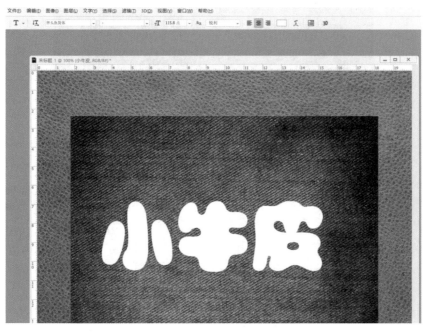

图 5-43　输入文字

步骤四：把文字栅格化，然后执行"编辑/描边"命令，把描边颜色改为其他颜色用来区分字体颜色。轮廓设置成居外，如图 5-44 所示。

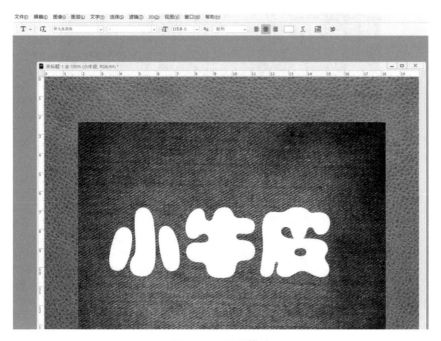

图 5-44　设置描边

步骤五：用魔棒选择描边，再选择描边的外轮廓，如图 5-45 所示。

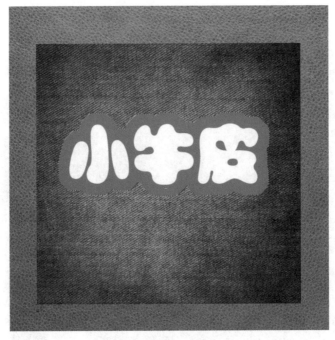

图 5-45　选择描边外轮廓

步骤六：回到牛仔布图层，复制粘贴，然后隐藏牛仔布图层和文字图层，这样就得出一个外轮廓和描边一样的牛仔布图案，如图 5-46 所示。

图 5-46　牛仔布外轮廓

步骤七：选择牛仔布外轮廓图层，双击该图层，出现"图层样式"对话框，增加该图层的斜面浮雕和投影效果，如图 5-47 所示。

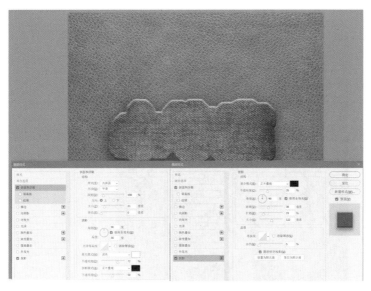

图 5-47　增加斜面浮雕和投影效果 1

步骤八：用魔棒选区该图形，执行"选择/修改/收缩"命令，将收缩量调整为 30，点击"确定"，如图 5-48 所示。

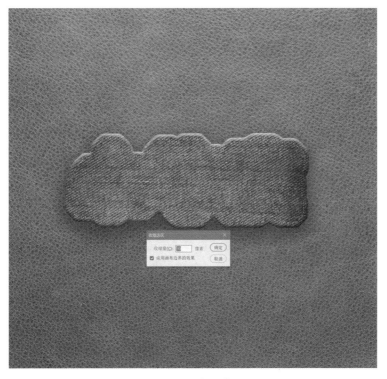

图 5-48　收缩选区

步骤九:回到"路径"界面,点击下面的"从选区产生工作路径"按钮,如图5-49所示。

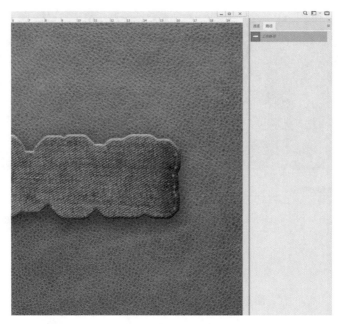

图5-49 产生路径

步骤十:回到图层,在牛仔布上面新建一图层,按P键选择钢笔工具,选择大小为3像素、硬度为0的黑色画笔。右击鼠标选择"描边路径",如图5-50所示。

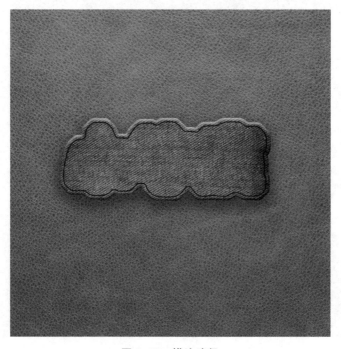

图5-50 描边路径

步骤十一:双击这个描边图层进入图层混合模式,添加"斜面和浮雕"效果,如图5-51所示。

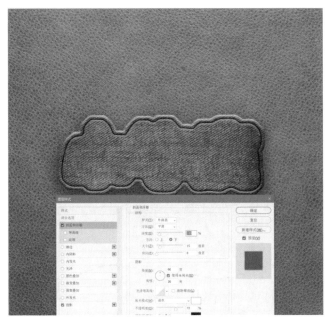

图 5-51　添加斜面和浮雕效果

步骤十二:新建一个 20 cm×100 cm 的新文档,用椭圆工具画一个笔刷,准备用来模拟缝合线。执行"编辑/定义画笔预设"命令,记住存盘时的名字,以方便查找,如图5-52所示。

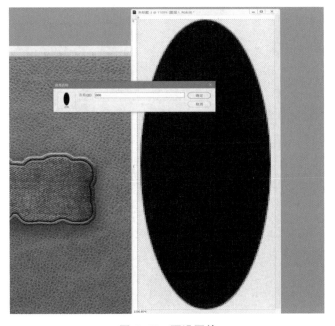

图 5-52　预设画笔

步骤十三:在路径栏里点击工作路径,回到图层,在凹陷层上面新建一图层,接着预设画笔。按 B 键,点击画笔预设按钮(好几个地方能找到这个按钮)。找到画笔,更改角度、大小和间距,如图 5-53 所示。

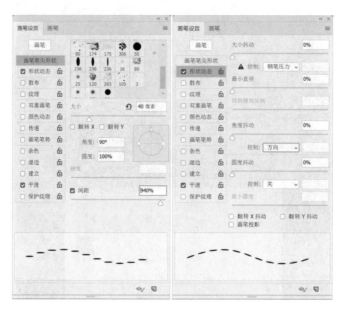

图 5-53 设置画笔

步骤十四:预设完毕后选一个浅色的前景色,按 P 键,右击鼠标选择"描边路径"。如图 5-54 所示。

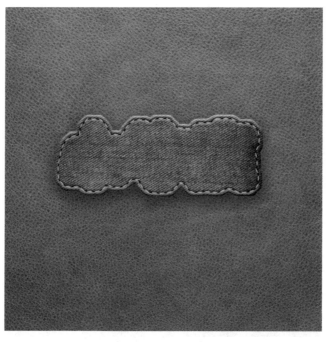

图 5-54 描边路径 2

步骤十五：把"小牛皮"文字放在最上面，选区牛皮材质，如图5-55所示。

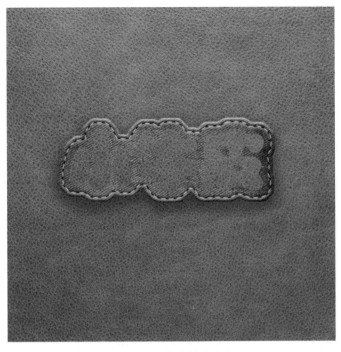

图5-55 牛皮材质文字

步骤十六：双击图层，在出现的"图层样式"对话框中给该图层增加斜面和浮雕效果，如图5-56所示。

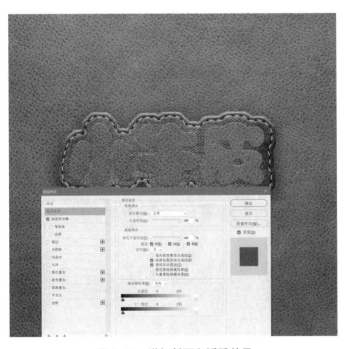

图5-56 增加斜面和浮雕效果

步骤十七:Ctrl＋鼠标左键点击文字层取得选区,收缩若干像素描边,如图 5-57 所示。

图 5-57　收缩描边

步骤十八:选择黑边,回到牛皮图层,复制粘贴出新图层,再把新图层调至最上层,如图 5-58 所示。

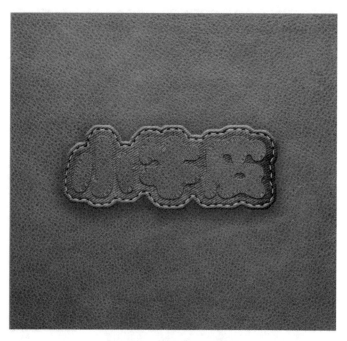

图 5-58　描边牛皮新图层

步骤十九:双击新图层,在弹出的"图层样式"对话框中添加浮雕和阴影效果。最终完成效果如图 5-59 所示。

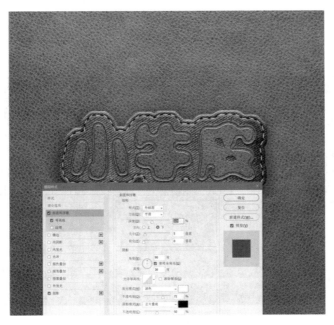

图 5-59　添加浮雕和阴影

三、任务总结

此次实战项目是利用 Photoshop 工具和相关素材制作特殊的文字效果,制作出的文字效果更有质感和意境,经常用在海报标题或者包装主体文字上,是一种图形化、肌理化的文字呈现。在制作过程中同时要考虑 Photoshop 的多个工具和多个命令,根据步骤深入地琢磨工具和命令的用法及灵活的配合。

四、学生自评

文字特效评价表			
序号	鉴定评分点	分值	评分
1	掌握创意艺术文字设计的制作方法	30	
2	掌握补丁上的牛皮字的制作方法	30	
3	能够根据需要进行其他效果的字体绘制	40	
4	整体掌握程度　　非常好□　较好□　一般□　较差□　其他□		
评价意见:			

课后巩固与拓展

根据步骤制作文字效果。

1. 设计效果

炫光字设计效果如图 5-60 所示。

图 5-60 炫光字效果

2. 操作步骤

步骤一:新建一个画布,尺寸大小可根据自己的习惯设置,背景色设置成黑色,输入文字,字体颜色为♯f849f0,如图 5-61 所示。

步骤二:将这一文本层复制一层,将字体设置为一种较亮的蓝色♯b5e4fe,向右移动一小段距离,如图 5-62 所示。

图 5-61 输入文字   图 5-62 复制图层 1

步骤三:再复制一文本层,将颜色设置为♯004b6b。继续向右移动一段距离,如图 5-63 所示。

步骤四:将三层文字合并后栅格化,为其添加一个图层蒙版,利用柔软的黑色画笔在蒙版上绘制,隐藏掉不需要显示的部分,效果如图 5-64 所示。

图 5-63　复制图层 2

图 5-64　蒙版绘制效果

步骤五：使用自由变换工具调整文字的透视角度，如图 5-65 所示。

步骤六：使用模糊工具将一些边缘模糊化。新建一图层，在画布上方边缘处用白色大号画笔绘制白光，效果如图 5-66 所示。

图 5-65　变换透视角度

图 5-66　增加模糊和白光

步骤七：按 Ctrl＋T 键将白光压扁，放置到文字下方以形成高光区域。将不透明度设置为 30％左右，如图 5-67 所示。

步骤八：绘制高光。新建一图层，用白色柔软画笔点击以绘制一个白色光点。按 Ctrl＋T 键利用自由变换工具将其压扁调整为文字边缘的高光。将高光图层的图层混合模式设置为"叠加"，如图 5-68 所示。

图 5-67　绘制底光

图 5-68　添加光感

步骤九:按照步骤八的方法多添加几处高光,如图 5-69 所示。在图层最上方添加紫色文字,执行"滤镜/模糊/动感模糊"命令,模糊角度设定成 48 度,点击"确定",如图 5-70 所示。

图 5-69 增加高光

图 5-70 添加模糊

步骤十:调整不透明度,使用橡皮擦工具将不需要的地方擦除掉,如图 5-71 所示。

步骤十一:利用刚才创建高光的方法在字母上创建一道非常亮的光线。使用光效画笔绘制光,调整大小与不透明度,再利用自由变换工具将其压缩为一道光线,效果如图 5-72 所示。

图 5-71 橡皮擦除

图 5-72 增加光线

最终效果如图 5-73 所示。

图 5-73 最终效果

实战项目 **3**　广告设计

教学目标

知识目标	能力目标	素质目标
掌握招贴广告插画的绘制方法； 掌握商业招贴广告的绘制方法； 掌握杂志插画的绘制方法	具备使用钢笔工具、形状工具、画笔工具、图层样式等绘制广告插画、商业招贴广告、杂志插画的能力	培养爱岗敬业的精神和职业道德意识； 培养精益求精的工匠精神； 培养对软件操作的科学严谨态度； 培养作图过程中的逻辑性和条理性； 培养创意思维、设计思维以及发散思维

任务描述

广告设计是应用型学科，是现代社会里一种新兴的艺术创作方式，也是现代文化、商业销售的一种技术手段，更是当代艺术设计教学中重要的环节之一。依据高职高专的教育要求，本实战项目的教学目标和总体要求是：通过本实战项目的教学与练习，使学生熟悉相关插画设计的理论和步骤，掌握插画设计的造型规律和设计理念，具备较强独立鉴赏和创作能力。此实战项目涉及钢笔工具、形状工具、画笔工具、填充调整图层及图层样式、锚点编辑、变换、滤镜、色相/饱和度、色彩范围等工具，属于 Photoshop 提高层次的训练。在学习过程中，要根据需要熟练地掌握这些工具的切换和对效果的把控，极力做到效果和过程相匹配。

课前自学

1. 了解广告设计的概念和插画的设计风格；

2. 区分书籍装帧插画、杂志插画、报纸插画之间的区别；

3. 学习企业形象设计中卡通吉祥物的作用和设计特点；

4. 了解游戏角色设计的特点和表现手段；

5. 将初步自学过程进行记录，将遇到的问题特别是操作上的困难整理好，以便课上详细听教师讲解。

任务实施

一、明确工作任务

实战一：招贴广告插画设计

实战二:商业招贴广告设计

实战三:杂志插画设计

微课视频
——插画
设计

二、完成工作任务

(一) 实战一:招贴广告插画设计

1. 设计效果

设计效果如图 5-74 所示。

图 5-74　招贴广告插画效果

2. 操作步骤

步骤一:新建画布,创建渐变效果,颜色设置为♯ffe00c 和♯fdad0b,如图 5-75 所示。

步骤二:新建图层,创建一个淡黄色(♯fee854)的圆形,作为棒棒糖的底层。

图 5-75　设置渐变

步骤三:双击该图层,在弹出的"图层样式"对话框中增加内阴影,设置参数如图5-76所示。添加内阴影后的效果如图5-77所示。

图5-76　内阴影参数

图5-77　内阴影效果

步骤四:增加内发光效果,设置参数如图5-78所示,添加内发光后的效果如图5-79所示。

图5-78　内发光参数

图5-79　内发光效果

步骤五:新建一层高光,上强下弱,让棒棒糖的形状更加明显,如图5-80所示。

步骤六:找一些类似雪饼的素材贴上去,或者用画笔绘制也可以,同时添加阴影,如图5-81所示。

图5-80　增加高光

图5-81　增加素材

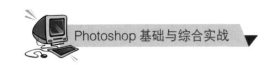

步骤七:新建图层,创建一个矩形,设置渐变样式,这样棒棒糖的手柄就出来了,如图 5-82 所示。

步骤八:找一个卡通素材,做一个浅浅的底纹,这样整个画面不会太单调,也会显得俏皮可爱,如图 5-83 所示。

图 5-82　增加手柄

图 5-83　增加底纹

步骤九:绘制糖果内部。创建一个图层,绘制一个同心圆,将颜色设置成浅浅的黄色,增加外发光和浮雕效果,如图 5-84 所示。

步骤十:新建图层,绘制出卡通外轮廓的形状,增加内阴影、内发光和投影效果,如图 5-85 所示。

图 5-84　增加同心圆

图 5-85　绘制内部形象

步骤十一:新建图层,绘制椭圆,填充深棕色(♯705214),增加斜面和浮雕效果,再增加两个白色椭圆,这样鸭子的眼睛就出现了,如图 5-86 所示。

步骤十二:选择"钢笔工具"绘制嘴巴,当然用圆角矩形工具绘制也是可以的。增加斜面和浮雕与外发光效果,如图 5-87 所示。

步骤十三:新建图层,绘制嘴巴内部,增加斜面和浮雕与投影效果。在新建图层上,把整个嘴巴的内部填充红色(♯fe5c13),增加斜面和浮雕效果,如图 5-88 所示。

步骤十四:新建图层,绘制矩形,填充各种各样的颜色,增加斜面和浮雕、内发光和投影效果,这样棒棒糖上就有了彩色的糖粒,如图 5-89 所示。

增加俏皮的文字,最终完成效果,如图 5-90 所示。

图 5-86 增加眼睛

图 5-87 绘制嘴巴

图 5-88 绘制嘴巴内部

图 5-89 增加糖粒

图 5-90 最终效果

（二）实战二：商业招贴广告设计

1. 设计效果

设计效果如图5-91所示。

图5-91 游戏海报效果

2. 操作步骤

步骤一：新建A4尺寸白色画布，拖拽入一个俯视城市夜景的素材文件，如图5-92所示。

步骤二：制作一个中心散发的白色光束。这个光束可以用矩形填充白色，再进行动感模糊，多复制几层，每层调节透明度和大小，然后按住键盘的Ctrl＋Shift＋Alt＋T键进行中心复制。也可以用一个光束素材代替制作，如图5-93所示。

图5-92 拖拽素材

图5-93 添加光束

步骤三：将光束图层样式改为叠加，然后复制两层，如图5-94所示。

步骤四：打开牛仔素材，抠出牛仔队的图案。要注意，如果选择的牛仔是单个的素材组合成的牛仔队，那就要考虑牛仔队整个的大小和色彩关系，尽可能保持统一，如图5-95所示。

图5-94　叠加复制图层

图5-95　添加牛仔队

步骤五：新建图层，绘制弧形的地平线，填充渐变，再将图层样式增加外发光效果，如图5-96所示。

步骤六：拖拽一张以红色为主要色调的夜景图案至画布，裁剪成和地平线形状一致，将底部用橡皮擦擦出渐渐消失的效果，如图5-97所示。

图5-96　绘制地平线

图5-97　添加地平线的效果

步骤七：创建新的填充或者调整图层，添加亮度/对比度，参数设置如图5-98所示。

步骤八：新建图层，绘制颜色为♯ce783a 的模糊光束，如图 5-99 所示。

图 5-98　添加亮度/对比度

图 5-99　绘制模糊光束

步骤九：将橙色的模糊光束放置于下方，色彩模式改为变亮，这样牛仔队和白色的光束都有了细节质感的变化，如图 5-100 所示。

步骤十：拖拽进画布一个上明下暗的肌理素材，这个肌理素材最好选择去色，然后再将整体颜色变换成淡红色，如图 5-101 所示。

图 5-100　添加牛仔队细节

图 5-101　添加肌理

步骤十一：将肌理的色彩模式改为叠加，放置在牛仔队和地平线之间，这样牛仔队和地平线的颜色都有了变化，如图 5-102 所示。

步骤十二:拖拽进画布一个带有暖光的地平线素材。如果找不到带有光线的素材,可以自己用模糊画笔添加,如图 5-103 所示。

图 5-102 改为叠加

图 5-103 添加地平线

步骤十三:将新添加的地平线调整大小,放置在以前做好的地平线上方,这样地平线的质感就更加丰富和细腻了。如图 5-104 所示。

步骤十四:再抠出一个牛仔,将整个颜色改为黑色,拖拽到画面内,调整大小和位置,如图 5-105 所示。

图 5-104 调整地平线位置

图 5-105 添加黑色牛仔

步骤十五:在牛仔和地平线相交的位置上增加一个圆形的光束,使得牛仔更加神

秘,如图 5-106 所示。

步骤十六:新建图层,在顶部拉出一个由深紫至透明的渐变,这样背景就更加的有层次了,如图 5-107 所示。

图 5-106　添加圆形光束

图 5-107　添加渐变

步骤十七:输入文字"王者归来"和英文"RETURN OF THE KING",如图 5-108 所示。

步骤十八:用多边形工具绘制正三角形,然后栅格化图层,执行"选择/修改/收缩"命令,将数值设置为 60,然后删除栅格,如图 5-109 所示。

图 5-108　添加文字

图 5-109　绘制正三角形

步骤十九：复制三角形，垂直翻转，并和文字一起调整好位置，如图 5-110 所示。

步骤二十：用矩形选框工具将两个三角形裁去一部分，合并文字和三角形图层，如图 5-111 所示。

图 5-110　复制三角形

图 5-111　合并图层

步骤二十一：选择文字和图形图层，用魔棒选择橙色图形，新建图层填充白色，隐藏橙色图层。执行"滤镜/扭曲/极坐标"命令，选择极坐标到平面坐标，如图 5-112 所示。

步骤二十二：执行"图像/图像旋转/顺时针 90 度"命令，如图 5-113 所示。

图 5-112　执行极坐标命令

图 5-113　图像旋转

步骤二十三：执行"滤镜/风格化/风"命令，方向选择"从左"，反复执行几次滤镜效果，如图 5-114 所示。

步骤二十四：执行"图像/图像旋转/逆时针 90 度"命令，执行"滤镜/扭曲/极坐标"，选择平面坐标到极坐标，如图 5-115 所示。

图 5-114　反复执行滤镜

图 5-115　返回极坐标

步骤二十五：创建新的填充，或者执行"图层/纯色"，在弹出的色彩对话框中选择 ♯0c3f7e 填充，然后再创建蒙版，效果如图 5-116 所示。

步骤二十六：把橙色图层调整到最上面，用魔棒选择橙色图案，再添加金属渐变，如图 5-117 所示。

图 5-116　添加蒙版

图 5-117　添加渐变

步骤二十七：在整个文字上添加一些光斑，如图 5-118 所示。

步骤二十八：新建图层，添加一些色块做成肌理，也可以找合适的素材拖拽进画布调整大小实现，最后添加上文字就完成了，如图 5-119 所示。

图 5-118　添加光斑　　　　　　　　图 5-119　最终完成效果

（三）实战三:杂志插画设计

1. 设计效果

设计效果如图 5-120 所示。

图 5-120　杂志插画效果

2. 操作步骤

步骤一:新建大小为 20 cm×11 cm 的文件,填充颜色♯ffe8bf,如图 5-121 所示。

步骤二:新建图层,使用钢笔工具编辑出云彩。在编辑过程中要注意云彩的形状。将云彩填充渐变,渐变的颜色为白色和♯ffe8bf。执行"选择/修改/羽化"命令,对云彩边缘适当添加羽化效果,数值根据画面需要进行设定。复制该图层,调整位置和大小,如图 5-122 所示。

图 5-121　创建背景

图 5-122　绘制云彩

步骤三:拖拽矢量烟花素材至画布,将烟花的颜色改为♯ff9167和♯fffde4,多复制几个,调节位置和大小,如图5-123所示。

图 5-123　绘制烟花

步骤四:新建图层,用矩形工具绘制出颜色为♯febe8e的矩形,再在矩形内剪掉几个规则的小矩形,这样楼房的形状就出现了,如图 5-124 所示。

图 5-124　添加楼房

步骤五:再增加几栋楼房,让画面显得饱满,如图 5-125 所示。

图 5-125　增加楼房

步骤六:使用钢笔工具,在三个图层底部绘制三个大小不同的波浪图形,填充线性渐变。最下面的波浪渐变颜色为♯fca47b 和♯fa5e35;中间的波浪图形渐变颜色为♯f9d6a8 和♯eea968;最上面的波浪图形渐变颜色为♯eea968 和♯eb3a33。调整三个图层的位置和大小,增加画面的层次感,如图 5-126 所示。

步骤七:绘制人物。在绘制人物的过程中会出现很多图层。创建一个图层组,命名为人物 1。在绘制人物的时候要求设计师具备良好的美术功底。如果对人物把握不好,可以用人物素材置于图层底部作为参考。接下来从人物的局部开始绘制。新建图层,用钢笔工具绘制出人物的脚,颜色设为♯ffd8cb,如图 5-127 所示。

步骤八:绘制鞋子,颜色为♯642003。在绘制鞋子的时候不要在意鞋子的具体刻画,只需要将鞋子口和脚接触的地方的形态交代清楚就可以了,如图 5-128 所示。完成

图 5-126　绘制底部波浪

图 5-127　绘制脚

之后,在图层单击右键选择"创建剪切蒙版",这样鞋子的形状就和脚的形状就完全一致了,如图 5-129 所示。

图 5-128　绘制鞋子　　　　　　图 5-129　创建剪切蒙版

步骤九:用同样的方法绘制出另外一只脚。使用钢笔工具绘制出人物的裙子,填充颜色♯8c3409,再在裙子上绘制出阴影,如图 5-130 所示。新建图层,用钢笔工具或者多边形套索工具绘制出手提袋,如图 5-131 所示。

图 5-130　绘制裙子　　　　　　图 5-131　编辑手提袋

步骤十:运用上述方法多绘制出一些手提袋,如图 5-132 所示。

步骤十一:新建图层,用画笔工具或者钢笔工具绘制出衣服,衣服的颜色尽可能用同类色或者近似色,这样显得更加统一,如图 5-133 所示。

图 5-132 绘制更多手提袋

图 5-133 绘制衣服

步骤十二:绘制出袖子、手和脖颈,在手和袖子之间增加阴影,用画笔工具勾勒出手指,如图 5-134 所示。

步骤十三:用几何形体绘制出头发和面部。这个过程很简单,都是几何形体的堆积,但是在制作过程中一定要记住,每创作一个造型都要新建一个图层,直到所有的图形都绘制完成,如图 5-135 所示。

图 5-134 绘制出袖子、手和脖颈

图 5-135 绘制头发和面部

步骤十四:用同样的方法再绘制出一个男性人物,也要创建图层组,命名为人物 2,在这就不详细介绍绘制步骤了。绘制好之后调节好人物大小和位置关系,打开之前做好的背景,如图 5-136 所示。

步骤十五:新建图层,在画面的右上角用椭圆选框工具绘制若干个正圆然后合并图层,用多边形工具绘制图形,之后合并图层,这样类似扇子形状的树丛就出现了,添加渐变效果,如图 5-137 所示。

步骤十六:在树丛图层下方增加图层,使用多变套索工具编辑出树枝,在树丛图

图 5-136　绘制新人物

图 5-137　绘制树丛

层上方增加图层,绘制出树丛的肌理,这样完整的树的效果就制作出来了,如图
5-138 所示。

图 5-138　完成树的绘制

步骤十七：导入红包素材，复制多个并调节大小和位置，做成红包散落的效果。在众多红包中可以选择几个红包，执行"滤镜/模糊/动感模糊"命令，这样红包散落的动感就出现了，如图 5-139 所示。

图 5-139　增加红包图层

步骤十八：最后在画面的左下角放入植物素材，在右下角绘制出礼盒堆积的效果。也可以根据画面需要，绘制出灯笼，如图 5-140 所示。

图 5-140　最终效果

三、任务总结

Photoshop 在广告设计中能够展现强大的功能，不但能够处理图像，还能绘制插画，制作各种各样形式的文字以及对文字编排。现在市面上很多广告形式都离不开 Photoshop。学生只有多实战、多应用，才能越来越熟练地设计和制作精美的插画和广告作品。

四、学生自评

广告设计评价表			
序号	鉴定评分点	分值	评分
1	掌握招贴广告插画的绘制方法	20	
2	掌握商业招贴广告的绘制方法	20	
3	掌握杂志插画的绘制方法	20	
4	能够根据需要进行其他广告设计与插画绘制	40	
5	整体掌握程度　非常好□　较好□　一般□　较差□　其他□		
评价意见：			

课后巩固与拓展

参考图 5-141 进行绘制，达到熟练水平。

图 5-141　游戏海报练习

实战项目 4 UI 设计

教学目标

知识目标	能力目标	素质目标
掌握 UI 设计的基本知识及技能,具备使用 Photoshop 基本技能进行设计的能力; 能够将图形设计、编排设计、字体设计、构成设计统合应用	具备确定图标风格、了解界面需求设计出 UI 的能力; 具备根据具体任务和产品设计出形式功能相统一的界面的能力; 具备设计制作风格统一、语言统一的图标与界面的能力	培养爱岗敬业的精神和职业道德意识; 培养精益求精的工匠精神; 培养对软件操作的科学严谨态度; 培养作图过程中的逻辑性和条理性; 培养灵活的设计思维、创造思维、发散思维; 养成自主学习的意识,提高不断学习的能力

任务描述

　　UI(用户界面)其实是一个广义的概念,《现代汉语词典(第 7 版)》将"界面"定义为物体与物体之间的接触面。用户界面泛指人和物(人造物、工具、机器等)互动过程中的界面(接口)。以车为例,方向盘、仪表盘、中控都属于用户界面。从字面上看,用户界面由用户与界面两个部分组成,但实际上还包括用户与界面之间的交互关系。所以,用户界面可分为三个发展方向:用户研究、交互设计、界面设计。通过本实战项目的学习,学生认识到用户界面设计作为现代传媒的重要内容,其合理性与美观性直接影响用户的评价,从而促使学生提高界面设计技能。根据需求,将实战项目分为图标设计和播放器软件界面设计两个实战。

课前自学

　　1. 课前自学 UI 设计的概念和涉及的范围,明确图标设计风格、设计语言、设计形式、设计表达的概念;

　　2. 思考 UI 设计会用到哪些工具和命令;

　　3. 将初步自学过程进行记录,将遇到的问题特别是操作上的困难整理好,以便课上详细听教师讲解。

任务实施

一、明确工作任务

实战一:图标设计
实战二:播放器软件界面设计

二、完成工作任务

(一) 实战一:图标设计

UI 设计是指对软件的人机交互、操作逻辑、界面形式的整体设计。好的 UI 设计不仅是让软件变得有个性、有品味,还要让软件的操作变得舒适、简单、自由,充分体现软件的定位和特点。

1. UI 设计原则

(1) 简洁清楚

用户界面的简洁清楚是要让用户便于使用,并能减少用户发生错误选择的概率,在视觉效果上要便于用户理解。

(2) 用户语言

用户界面中要使用用户能明白的语言,而不是只有设计者自己明白的语言。

(3) 记忆负担最小化

人脑不是电脑,在设计用户界面时必须要考虑人脑处理信息的限度。人类的短期记忆非常不稳定,24 h 内存在 25% 的遗忘率,所以对用户来说,浏览信息要比记忆更容易。

(4) 一致性

一致性是优秀用户界面都具备的特点。用户界面的结构必须清晰且一致,风格必须与内容相一致。

(5) 从用户习惯考虑

想用户所想,做用户所做。用户总是按照自己的方式理解和实践。通过比较两个不同世界(真实与虚拟)的事物,完成更好的设计,用户可通过已掌握的知识来使用界面,但不应超出一般常识。

(6) 排列

一个有序的用户界面能让用户轻松地使用。

2. 设计效果

设计效果如图 5-142 所示。

3. 操作步骤

步骤一:首先新建 1 000 px×1 000 px 的画布,命名为"音乐图标",为背景填充颜色 #475479 并添加杂色,如图 5-143 所示。

图 5-142 图标效果

步骤二：绘制底座。使用圆角矩形工具绘制一个 650 px×650 px 的圆角半径为 90 px 的底座，并为它添加图层样式，如图 5-144 所示。

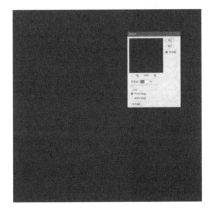

图 5-143　创建画布

图 5-144　添加图层样式

步骤三：添加投影效果，如图 5-145、图 5-146 所示。

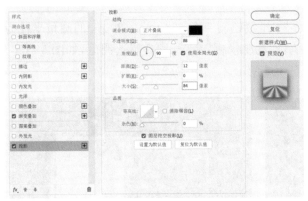

图 5-145　投影效果

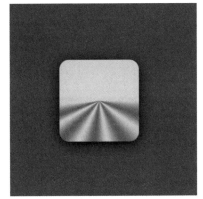

图 5-146　添加后的效果

步骤四：绘制一个 620 px×620 px 的圆角半径为 90 px 的圆角矩形，并为它添加描边图层样式，如图 5-147 所示。

步骤五：添加渐变叠加图层样式，如图 5-148 所示。添加后的效果如图 5-149 所示。

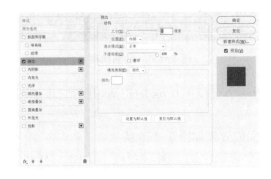

图 5-147　描边图层样式

图 5-148　渐变叠加

图 5-149　添加后的效果

步骤六:绘制底座的金属拉丝效果。继续绘制一个 620 px×620 px 的圆角半径为 90 px 的圆角矩形,添加杂色效果并执行"动感模糊"命令,调整不透明度,如图 5-150、图 5-151 所示。添加后的效果如图 5-152 所示。

图 5-150　添加杂色

图 5-151　动感模糊

步骤七:绘制内部圆。选择椭圆工具绘制一个直径 470 px 的正圆,并为它添加图层样式,如图 5-153、图 5-154 所示。

步骤八:再添加投影,如图 5-155 所示。完成效果如图 5-156 所示。

步骤九:继续使用椭圆工具绘制一个直径 425 px 的正圆,并为它添加图层样式。如图 5-157、图 5-158 所示。添加后的效果如图 5-159 所示。

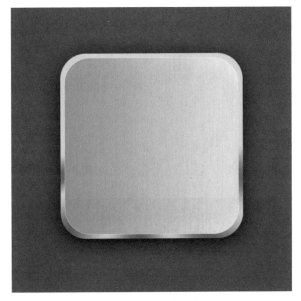

图 5-152 添加后的效果

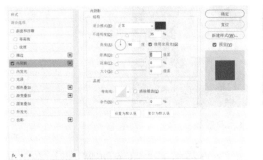

图 5-153 添加内阴影

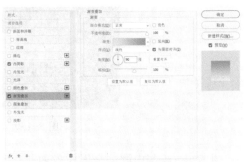

图 5-154 "渐变叠加"设置

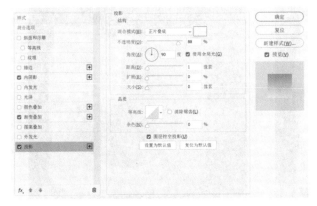

图 5-155 "投影"效果

图 5-156 完成效果

图 5-157　添加内阴影　　　　　　　　　图 5-158　"渐变叠加"设置

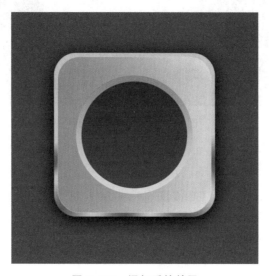

图 5-159　添加后的效果

步骤十：绘制内圆的金属拉丝效果。绘制一个直径为 425 px 的正圆，添加杂色效果并执行"动感模糊"命令，调整不透明度，操作同上，如图 5-160、图 5-161 所示。

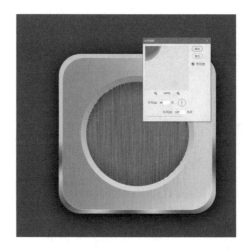

图 5-160　添加杂色　　　　　　　　　图 5-161　动感模糊

添加后的效果如图 5-162 所示。

图 5-162　添加后的效果

步骤十一:绘制音乐图标。选择自定义形状工具,绘制一个 145 px×260 px 的形状并为它添加图层样式,如图 5-163、图 5-164 所示。

图 5-163　形状的绘制

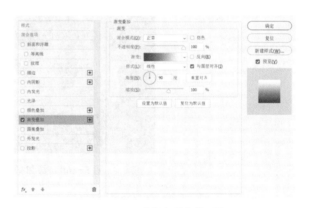

图 5-164　"渐变叠加"设置

步骤十二:添加其他图层样式,如图 5-165、图 5-166 所示。

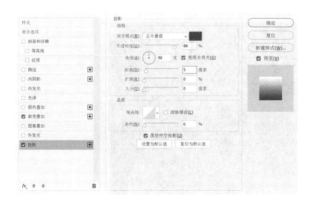

图 5-165　添加投影

图 5-166　设置后效果

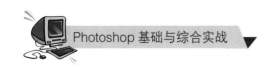

步骤十三：绘制一个大小为 420 px 的正圆，将填充设置为 0，添加图层样式，如图 5-167 所示。再绘制一个大小为 420 px 的正圆，将填充设置为 0，添加图层样式，如图 5-168 所示。最终完成效果如图 5-169 所示。

图 5-167　添加内阴影(一)　　　　　图 5-168　添加内阴影(二)

图 5-169　最终效果

(二) 实战二：播放器软件界面设计

1. 设计效果

设计效果如图 5-170 所示。

图 5-170　播放器设计效果

2. 操作步骤

播放器是由一些细小的元素构成的，而且每个元素又有水晶或金属质感，制作的时候需要细心。除了这些，颜色的搭配也很重要，制作的每个元素都要融入到主体中，这样整体效果就会美观。

步骤一：创建一个 600 px×400 px 的画布。使用放射式渐变填充背景，颜色设置为♯5e6c78～♯20282e，如图 5-171 所示。

图 5-171　创建画布

步骤二：复制背景图层，之后执行"滤镜/杂色/添加杂色"命令，数量设为 5％，选择单色，不透明度设为 30％，如图 5-172 所示。

图 5-172　添加杂色

Photoshop 基础与综合实战

步骤三：设计主界面。创建一个新图层（按 Ctrl＋Shift＋N 键）并命名为"Base"，再使用圆角矩形工具，设置半径 5 px，画出需要的矩形，并添加各种效果。颜色渐变参数为♯3d4a59、♯1c2329、♯303a44，描边颜色为♯191919，如图 5-173 至图 5-176 所示。

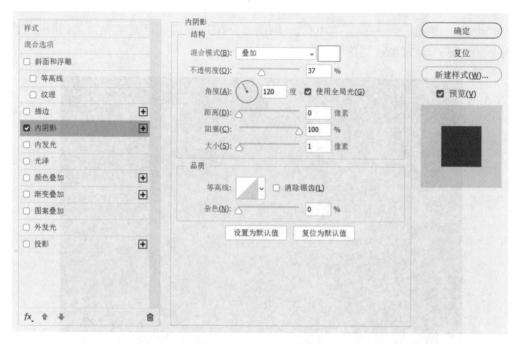

图 5-173　添加内阴影

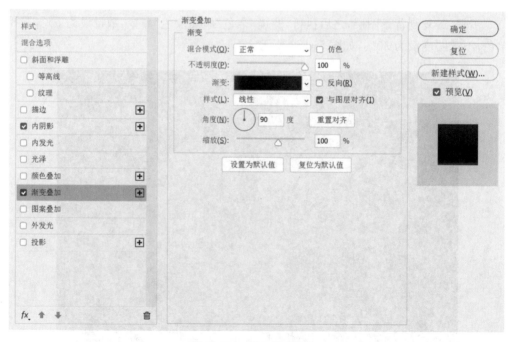

图 5-174　添加渐变叠加

198

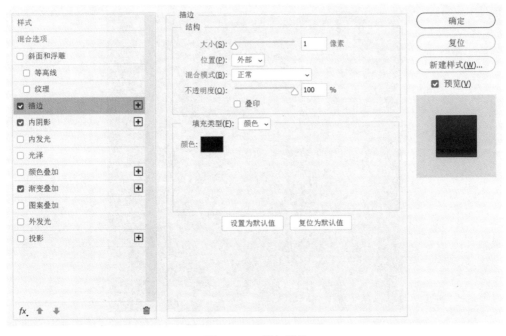

图 5-175　添加描边

图 5-176　添加后的效果

步骤四：新建一个 600 px×600 px 文档，充填 50％灰色，添加杂色，参数设置为 80％、高斯噪声、单色，然后选择"滤镜模糊/径向模糊"，设置旋转参数为 100。可以根据自己的感觉，使用快捷键 Ctrl＋F 重复"径向模糊"直到满意，效果如图 5-177 所示。

图 5-177　新建文档并设置

步骤五:将新建的文档复制到之前创建的 Base 图层上。更改混合模式为柔光,不透明度为 80%。图层命名为"Texture",按 Ctrl 键点击 Base 图层调用选区,然后按 Ctrl+Shift+I 键选择 Texture 图层,点击删除不要的选区,如图 5-178、图 5-179 所示。

图 5-178　复制图层到"Base"图层

200

图 5-179 删除选区

步骤六:创建新图层,将它命名为"Highlights",再用铅笔工具画两条线,分别放置在 Base 图层的视频播放器界面的顶端和底部。再选择一个较大、不透明度设置为80%的橡皮擦擦除两侧的线条,如图 5-180 所示。

图 5-180 添加 Highlights

步骤七:再创建新图层,将它命名为"Speaker"。按 Ctrl 键点击 Base 图层的缩略图获得选区,然后选择矩形工具,按住 Shift+Alt 键拖动鼠标得到选区,用颜色♯3a3a3a填充,如图 5-181 所示。拖拽金属孔网素材创建剪切蒙版,然后和并蒙版,如图 5-182 所示。

图 5-181　填充图层

图 5-182　创建剪切蒙版

202

步骤八:新建图层,在网格图层两边添加高光,不透明度降低到 40%。效果如图 5-183 所示。

图 5-183　添加高光

步骤九:按照左侧制作方法,创建右侧部分,如图 5-184 所示。

图 5-184　创建右侧部分

步骤十：创建最小化、最大化及关闭按钮。创建新层，命名为"按钮"，使用圆角矩形工具，设置半径为 2 px，然后绘制一个小按钮，填充白色。添加各种效果，图层渐变的颜色为＃8799ab、＃485664、＃8799ab，描边颜色为＃384251，如图 5-185 至图 5-189 所示。

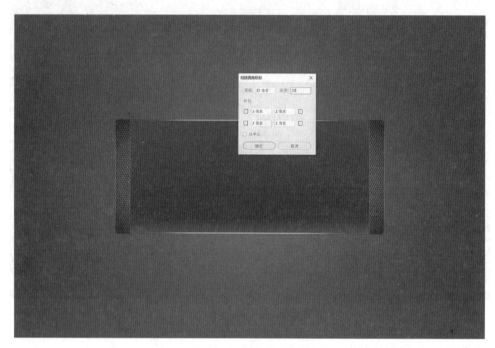

图 5-185　创建圆角矩形

图 5-186　填充白色

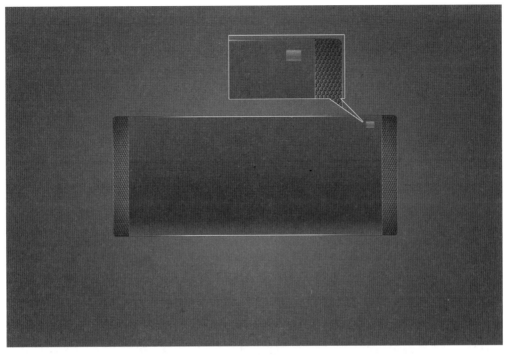

图 5-187　添加渐变

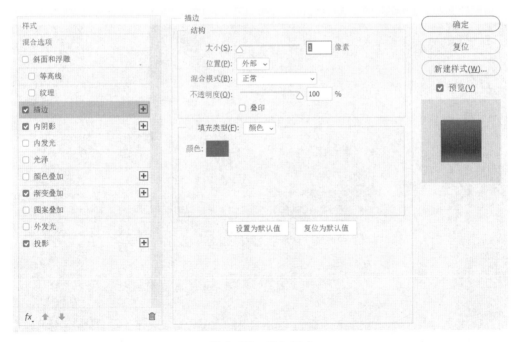

图 5-188　添加样式

步骤十一：创建新层，命名为"×"。为了让"×"更好看，可以使用用户喜欢的字体或用铅笔绘制工具绘制，之后再添加一个渐变（暗灰色、浅灰色）和 1 px 阴影，效果如图 5-190 所示。

205

图 5-189　按钮效果

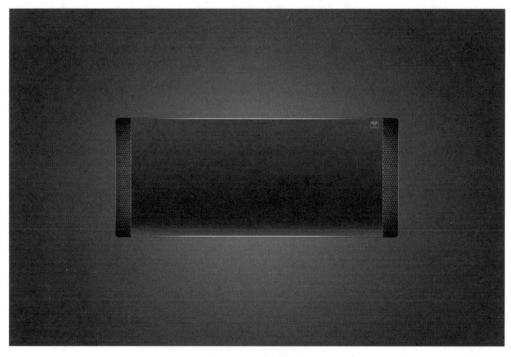

图 5-190　添加"×"

步骤十二:同样的方法创建另外两个按钮。效果如图 5-191 所示。

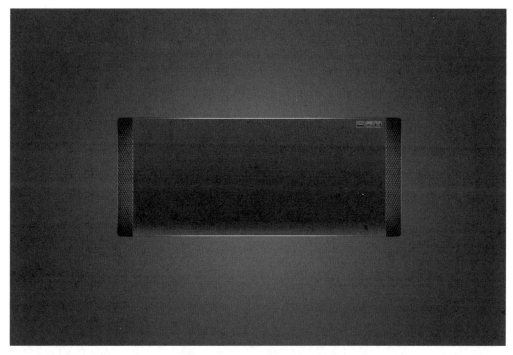

图 5-191　添加另外两个按钮

步骤十三:创建新层,绘制一个图像中的矩形,填充渐变颜色♯303a44、♯4a5968,如图 5-192 所示。

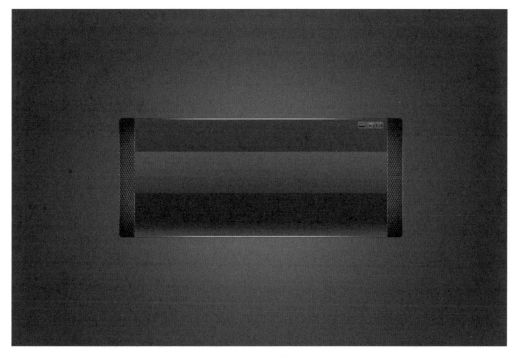

图 5-192　绘制矩形

步骤十四：创建新层，将它命名为"光泽"，再绘制一个小矩形，填充白色，不透明度降低到 10%，如图 5-193 所示。

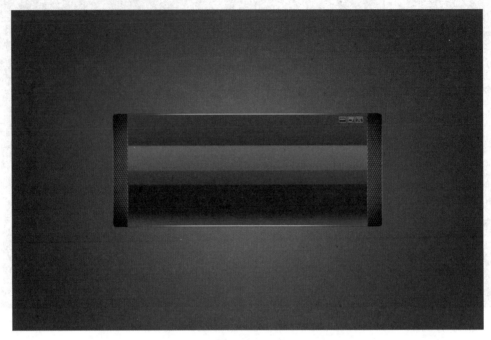

图 5-193　添加光泽矩形

步骤十五：按照前文的方法添加高光，不透明度根据自己的感觉设置即可，如图 5-194 所示。

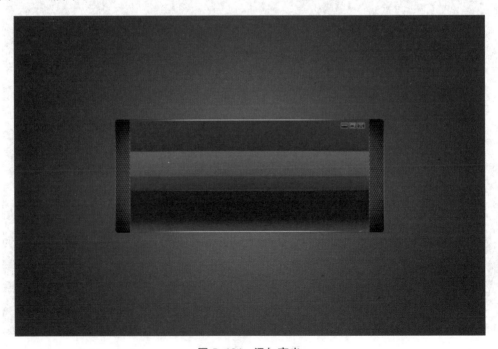

图 5-194　添加高光

步骤十六：添加文字。可以根据自己的想法修改，使用的字体是 Digital‑7。用铅笔工具绘制 1 px 线条来添加细节高光，如图 5‑195 所示。

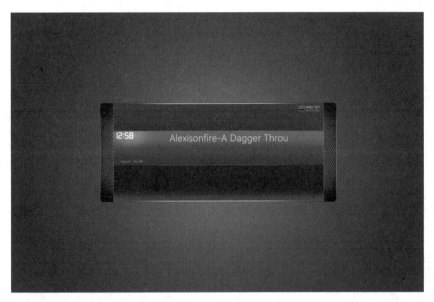

图 5-195　添加文字

步骤十七：创建新层，将它命名为"进度条"，使用圆角矩形工具，半径设置为 5 px，绘制一个细长的矩形，填充黑色并添加图层样式，渐变叠加颜色设置为♯303a44、♯1c2329，添加描边 1 px，颜色为♯afbbc6，不透明度为 16％。再创建一个新图层，命名为"进度条旋钮"。绘制一个小矩形，并填充黑色。图层样式选项：内阴影为混合模式正常，颜色为白色，距离 0，大小 1，渐变叠加颜色为♯5c6977、♯212a30、♯5c6977，外描边 1 px，颜色♯222b31，如图 5‑196 所示。

图 5-196　创建进度条

步骤十八：用钢笔工具绘制按键框，设置图层样式和渐变，如图 5-197 所示。

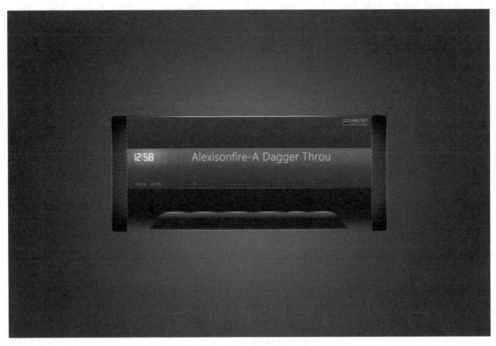

图 5-197　绘制按键框

步骤十九：在按键上绘制四条竖线，作为按键分割线，增加图层样式，完成效果如图 5-198 所示。

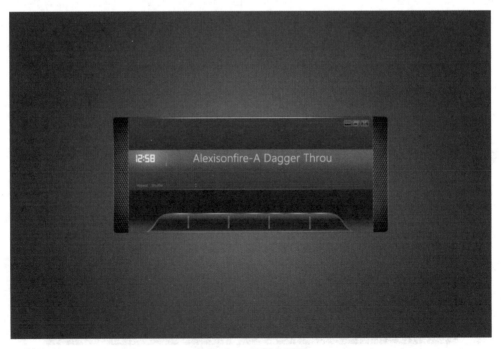

图 5-198　绘制分割线

210

步骤二十:制作播放、暂停、停止、前进和后退按钮。用矩形和三角形工具简单绘出,在这个图层添加渐变叠加效果,颜色分别为♯b7d9ed、♯458fb2、♯b7d9ed,如图5-199所示。

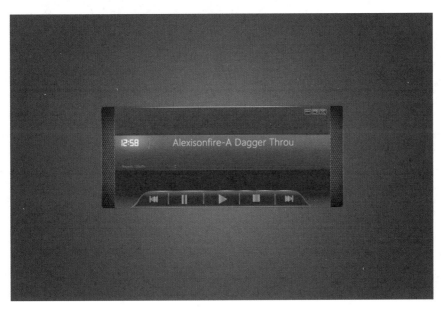

图5-199 制作按钮

步骤二十一:制作最后四个按钮:重复、随机、播放单和均衡器。制作每个按钮的步骤都差不多,用圆角矩形工具画出大致形状,添加图层样式:投影不透明度26%,扩展100%,大小1;内阴影模式选正常,颜色为白色,不透明度40%,角度90度,距离1,阻塞100%,大小0;渐变叠加颜色♯3d4a59、♯1c2329、♯303a44,如5-200所示。

图5-200 制作四个按钮

步骤二十二:添加文字。选择 Arial 字体,再进行图层样式处理:投影不透明度 42%,角度 90 度,距离 1,大小 0;渐变叠加颜色♯4c5a69、♯8495a7,如图 5-201 所示。

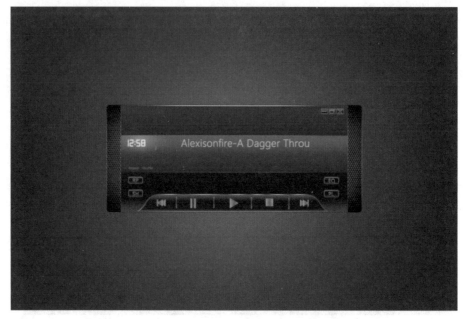

图 5-201 添加文字

步骤二十三:在四个按钮上添加一点高光,这样按钮就更加真实了,质感也更统一,如图 5-202 所示。

图 5-202 添加高光

步骤二十四:最后绘制音量控制按钮。用 1 px 铅笔工具绘制喇叭,然后进行渐变处理,颜色设置为♯b7d9ed、♯458fb2、♯b7d9ed,如图 5-203 所示。

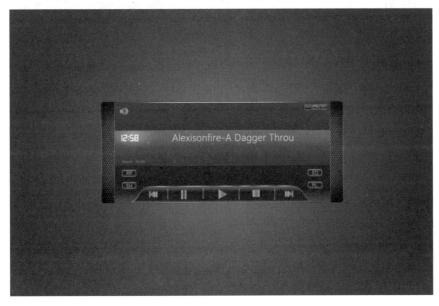

图 5-203 绘制喇叭

步骤二十五:用半径 5 px 的圆角矩形工具绘制音量条,用渐变工具填充颜色,设置与喇叭一致,如图 5-204 所示。

图 5-204 绘制音量条

步骤二十六:绘制 10 个小圆圈。绘制的小圆圈用与喇叭一样的渐变填充,其他的填充用简单的黑灰渐变。最终完成效果如图 5-205 所示。

图 5-205　最终效果

三、任务总结

利用 Photoshop 能更好地进行 UI 设计,这得益于 Photoshop 有强大的编辑功能和色彩模式。初学者在 UI 设计方面不但要掌握界面设计的原则,还要根据用户的使用习惯结合界面功能进行设计,做到大统一小对比,尽可能把界面的质感和品质感制作出来,同时还要对界面上的文字信息和按键的造型进行细心的编辑。

四、学生自评

UI 设计评价表			
序号	鉴定评分点	分值	评分
1	掌握 UI 设计的基本知识及技能,具备使用 Photoshop 基本技能进行设计的能力	40	
2	能够对不同 UI 图标结合材质效果进行造型编辑与制作	40	
3	能够结合工作任务需要对相应的交互界面进行统一安排、按照相应指标和设计要求进行交互界面设计	20	
4	整体掌握程度　　非常好□　较好□　一般□　较差□　其他□		
评价意见:			

课后拓展

参考图 5-206 进行绘制,达到熟练水平。

图 5-206 绘制播放器练习

附录　快捷键大全

1. 工具箱

（多种工具共用一个快捷键的可同时按"Shift"加此快捷键选取）

矩形、椭圆选框工具 "M"

裁剪工具 "C"

移动工具 "V"

套索、多边形套索、磁性套索工具 "L"

魔棒工具 "W"

喷枪工具 "J"

画笔工具 "B"

橡皮图章、图案图章 "S"

历史记录画笔工具 "Y"

橡皮擦工具 "E"

铅笔、直线工具 "N"

模糊、锐化、涂抹工具 "R"

减淡、加深、海棉工具 "O"

钢笔、自由钢笔、磁性钢笔 "P"

添加锚点工具 "＋"

删除锚点工具 "－"

直接选取工具 "A"

文字、文字蒙版、直排文字、直排文字蒙版 "T"

度量工具 "U"

直线渐变、径向渐变、对称渐变、角度渐变、菱形渐变 "G"

油漆桶工具 "G"

吸管、颜色取样器 "I"

抓手工具 "H"

缩放工具 "Z"

默认前景色和背景色 "D"

切换前景色和背景色 "X"

切换标准模式和快速蒙版模式 "Q"

标准屏幕模式、带有菜单栏的全屏模式、全屏模式 "F"

临时使用移动工具 "Ctrl"

临时使用吸色工具 "Alt"

临时使用抓手工具 "空格"

打开工具选项面板 "Enter"

快速输入工具选项（当前工具选项面板中至少有一个可调节数字）"0"~"9"

循环选择画笔 "["或"]"

选择第一个画笔 "Shift"＋"["

选择最后一个画笔 "Shift"＋"]"

建立新渐变（在"渐变编辑器"中）"Ctrl"＋"N"

2. 文件操作

新建图形文件 "Ctrl"＋"N"

新建图层 "Ctrl"＋"Shift"＋"N"

用默认设置创建新文件 "Ctrl"＋"Alt"＋"N"

打开已有的图像 "Ctrl"＋"O"

打开为 "Ctrl"＋"Alt"＋"O"

关闭当前图像 "Ctrl"＋"W"

保存当前图像 "Ctrl"＋"S"

另存为 "Ctrl"＋"Shift"＋"S"

存储副本 "Ctrl"＋"Alt"＋"S"

页面设置 "Ctrl"＋"Shift"＋"P"

打印 "Ctrl"＋"P"

打开"预置"对话框 "Ctrl"＋"K"

显示最后一次显示的"预置"对话框 "Alt"＋"Ctrl"＋"K"

设置"常规"选项（在"预置"对话框中）"Ctrl"＋"1"

设置"存储文件"（在"预置"对话框中）"Ctrl"＋"2"

设置"显示和光标"（在"预置"对话框中）"Ctrl"＋"3"

设置"透明区域与色域"（在"预置"对话框中）"Ctrl"＋"4"

设置"单位与标尺"（在"预置"对话框中）"Ctrl"＋"5"

设置"参考线与网格"（在"预置"对话框中）"Ctrl"＋"6"

外发光效果（在"效果"对话框中）"Ctrl"＋"3"

内发光效果（在"效果"对话框中）"Ctrl"＋"4"

斜面和浮雕效果（在"效果"对话框中）"Ctrl"＋"5"

应用当前所选效果并使参数可调（在"效果"对话框中）"A"

3. 图层混合

循环选择混合模式 "Alt"＋"－"或"＋"

正常 "Shift"＋"Alt"＋"N"

阈值（位图模式）"Shift"＋"Alt"＋"L"

溶解 "Shift"＋"Alt"＋"I"

背后 "Shift"＋"Alt"＋"Q"

清除 "Shift"+"Alt"+"R"

正片叠底 "Shift"+"Alt"+"M"

屏幕 "Shift"+"Alt"+"S"

叠加 "Shift"+"Alt"+"O"

柔光 "Shift"+"Alt"+"F"

强光 "Shift"+"Alt"+"H"

滤色 "Shift"+"Alt"+"S"

颜色减淡 "Shift"+"Alt"+"D"

颜色加深 "Shift"+"Alt"+"B"

变暗 "Shift"+"Alt"+"K"

变亮 "Shift"+"Alt"+"G"

差值 "Shift"+"Alt"+"E"

排除 "Shift"+"Alt"+"X"

色相 "Shift"+"Alt"+"U"

饱和度 "Shift"+"Alt"+"T"

颜色 "Shift"+"Alt"+"C"

光度 "Shift"+"Alt"+"Y"

去色 海绵工具+"Shift"+"Alt"+"J"

加色 海绵工具+"Shift"+"Alt"+"A"

暗调 减淡/加深工具+"Shift"+"Alt"+"W"

中间调 减淡/加深工具+"Shift"+"Alt"+"V"

高光 减淡/加深工具+"Shift"+"Alt"+"Z"

4. 选择功能

全部选取 "Ctrl"+"A"

取消选择 "Ctrl"+"D"

重新选择 "Ctrl"+"Shift"+"D"

羽化选择 "Ctrl"+"Alt"+"D"

反向选择 "Ctrl"+"Shift"+"I"

路径变选区 数字键盘的"Enter"

载入选区 "Ctrl"+点按图层、路径、通道面板中的缩略图

按上次的参数再做一次上次的滤镜 "Ctrl"+"F"

退去上次所做滤镜的效果 "Ctrl"+"Shift"+"F"

重复上次所做的滤镜(可调参数) "Ctrl"+"Alt"+"F"

选择工具(在"3D 变化"滤镜中) "V"

立方体工具(在"3D 变化"滤镜中) "M"

球体工具(在"3D 变化"滤镜中) "N"

柱体工具(在"3D 变化"滤镜中) "C"

轨迹球(在"3D 变化"滤镜中) "R"

全景相机工具(在"3D 变化"滤镜中)"E"

5. 视图操作

显示彩色通道 "Ctrl"+"～"

显示单色通道 "Ctrl"+"数字"

显示复合通道 "～"

以 CMYK 模式预览(开)"Ctrl"+"Y"

打开/关闭色域警告 "Ctrl"+"Shift"+"Y"

放大视图 "Ctrl"+"+"

缩小视图 "Ctrl"+"—"

满画布显示 "Ctrl"+"0"

实际象素显示 "Ctrl"+"Alt"+"0"

向上卷动一屏 "PageUp"

向下卷动一屏 "PageDown"

向左卷动一屏 "Ctrl"+"PageUp"

向右卷动一屏 "Ctrl"+"PageDown"

向上卷动 10 个单位 "Shift"+"PageUp"

向下卷动 10 个单位 "Shift"+"PageDown"

向左卷动 10 个单位 "Shift"+"Ctrl"+"PageUp"

向右卷动 10 个单位 "Shift"+"Ctrl"+"PageDown"

将视图移到左上角 "Home"

将视图移到右下角 "End"

显示/隐藏选择区域 "Ctrl"+"H"

显示/隐藏路径 "Ctrl"+"Shift"+"H"

显示/隐藏标尺 "Ctrl"+"R"

显示/隐藏参考线 "Ctrl"+";"

显示/隐藏网格 "Ctrl"+"""

贴紧参考线 "Ctrl"+"Shift"+";"

锁定参考线 "Ctrl"+"Alt"+";"

贴紧网格 "Ctrl"+"Shift"+"""

显示/隐藏"画笔"面板 "F5"

显示/隐藏"颜色"面板 "F6"

显示/隐藏"图层"面板 "F7"

显示/隐藏"信息"面板 "F8"

显示/隐藏"动作"面板 "F9"

显示/隐藏所有命令面板 "Tab"

显示/隐藏工具箱以外的所有面板 "Shift"+"Tab"

5. 文字处理(在"文字工具"对话框中)

左对齐或顶对齐 "Ctrl"+"Shift"+"L"

中对齐 "Ctrl"＋"Shift"＋"C"

右对齐或底对齐 "Ctrl"＋"Shift"＋"R"

左/右选择 1 个字符 "Shift"＋"←"/"→"

下/上选择 1 行 "Shift"＋"↑"/"↓"

选择所有字符 "Ctrl"＋"A"

选择从插入点到鼠标点按点的字符 "Shift"加点按

左/右移动 1 个字符 "←"/"→"

下/上移动 1 行 "↑"/"↓"

左/右移动 1 个字 "Ctrl"＋"←"/"→"

将所选文本的文字大小减小 2 个像素 "Ctrl"＋"Shift"＋"<"

将所选文本的文字大小增大 2 个像素 "Ctrl"＋"Shift"＋">"

将所选文本的文字大小减小 10 个像素 "Ctrl"＋"Alt"＋"Shift"＋"<"

将所选文本的文字大小增大 10 个像素 "Ctrl"＋"Alt"＋"Shift"＋">"

将行距减小 2 个像素 "Alt"＋"↓"

将行距增大 2 个像素 "Alt"＋"↑"

将基线位移减小 2 个像素 "Shift"＋"Alt"＋"↓"

将基线位移添加 2 个像素 "Shift"＋"Alt"＋"↑"

将字距微调或字距调整减小 20/1000ems "Alt"＋"←"

将字距微调或字距调整添加 20/1000ems "Alt"＋"→"

将字距微调或字距调整减小 100/1000ems "Ctrl"＋"Alt"＋"←"

将字距微调或字距调整添加 100/1000ems "Ctrl"＋"Alt"＋"→"

设置"增效工具与暂存盘"(在"预置"对话框中) "Ctrl"＋"7"

设置"内存与图像高速缓存"(在"预置"对话框中) "Ctrl"＋"8"

6. 编辑操作

还原/重做前一步操作"Ctrl"＋"Z"

还原两步以上操作 "Ctrl"＋"Alt"＋"Z"

重做两步以上操作 "Ctrl"＋"Shift"＋"Z"

剪切选取的图像或路径 "Ctrl"＋"X"或"F2"

拷贝选取的图像或路径 "Ctrl"＋"C"

合并拷贝 "Ctrl"＋"Shift"＋"C"

将剪贴板的内容粘贴到当前图形中 "Ctrl"＋"V"或"F4"

将剪贴板的内容粘贴到选框中 "Ctrl"＋"Shift"＋"V"

自由变换 "Ctrl"＋"T"

应用自由变换(在自由变换模式下)"Enter"

从中心或对称点开始变换(在自由变换模式下)"Alt"

限制(在自由变换模式下)"Shift"

扭曲(在自由变换模式下)"Ctrl"

取消变形(在自由变换模式下)"Esc"

自由变换复制的像素数据"Ctrl"+"Shift"+"T"

再次变换复制的像素数据并建立一个副本"Ctrl"+"Shift"+"Alt"+"T"

删除选框中的图案或选取的路径"Del"

用背景色填充所选区域或整个图层"Ctrl"+"BackSpace"或"Ctrl"+"Del"

用前景色填充所选区域或整个图层"Alt"+"BackSpace"或"Alt"+"Del"

弹出"填充"对话框"Shift"+"BackSpace"或"Shift"+"F5"

从历史记录中填充"Alt"+"Ctrl"+"Backspace"

7. 图像调整

调整色阶"Ctrl"+"L"

自动调整色阶"Ctrl"+"Shift"+"L"

打开"曲线"对话框"Ctrl"+"M"

在所选通道的曲线上添加新的点("曲线"对话框中)　在图像中"Ctrl"加点按

在复合曲线以外的所有曲线上添加新的点("曲线"对话框中)　"Ctrl"+"Shift"

8. 图层操作

从对话框新建一个图层"Ctrl"+"Shift"+"N"

以默认选项建立一个新的图层"Ctrl"+"Alt"+"Shift"+"N"

通过拷贝建立一个图层"Ctrl"+"J"

通过剪切建立一个图层"Ctrl"+"Shift"+"J"

与前一图层编组"Ctrl"+"G"

取消编组"Ctrl"+"Shift"+"G"

向下合并或合并连接图层"Ctrl"+"E"

合并可见图层"Ctrl"+"Shift"+"E"

盖印或盖印连接图层"Ctrl"+"Alt"+"E"

盖印可见图层"Ctrl"+"Alt"+"Shift"+"E"

将当前层下移一层"Ctrl"+"["

将当前层上移一层"Ctrl"+"]"

将当前层移到最下面"Ctrl"+"Shift"+"["

将当前层移到最上面"Ctrl"+"Shift"+"]"

激活下一个图层"Alt"+"["

激活上一个图层"Alt"+"]"

激活底部图层"Shift"+"Alt"+"["

激活顶部图层"Shift"+"Alt"+"]"

调整当前图层的透明度(当前工具为无数字参数的,如移动工具)　"0"～"9"

保留当前图层的透明区域(开关)"/"

投影效果(在"效果"对话框中)"Ctrl"+"1"

内阴影效果(在"效果"对话框中)"Ctrl"+"2"